职业院校模具数字化设计技能大赛系列丛书

塑料模具数字化设计与制造综合技能实训

徐新华　刘红伟　房增寿　编著

机械工业出版社
CHINA MACHINE PRESS

本书共分 8 个模块，主要对职业道德，塑料模具零件设计，型腔与型芯的螺纹孔、顶杆孔和浇口套孔的加工，成型零件数控加工，装配，模具成型零件抛光，注射成型，蓝光检测等内容进行阐述。

模块 1 从 7S 管理标准、职业素养、设备日常维护与保养、安全知识与实训准备这四个方面来说明模具工基本的职业道德以及要遵守的一些规范。模块 2 运用中望 3D 软件，对塑料产品造型设计、模具成型零件设计、水路、顶出、浇注系统设计进行了详细讲解。模块 3 对钻型腔与型芯的螺纹孔、顶杆孔和浇口套孔，攻型腔、型芯螺纹、铰型芯顶杆孔和浇口套孔进行了讲解。模块 4 以模具型芯、型腔数控加工为目的，对中望 3D 软件的数控加工的常用加工策略进行了详细介绍。模块 5 介绍了顶杆、拉料杆、浇口套修整方法，模具型腔、型芯零件研配方法，模具定模、动模部分的装配方法。模块 6 对模具型腔、型芯零件抛光方法进行了全面的讲解。模块 7 讲解了注射机注射成型，使读者在操作注射机前对注射工艺有所了解。模块 8 介绍了对制件进行蓝光检测的基本操作步骤。

为了便于教学，本书配有电子课件等教学资源，选择本书作为教材的教师可登录机械工业出版社教育服务网（http://www.cmpedu.com），注册后免费下载。

本书语言简练，内容丰富，配有操作实例及简单图示。本书可作为职业院校模具设计与制造专业的教材，也可作为从事模具设计制造相关工作的工程技术人员、操作者及管理者的技术培训教材。

图书在版编目（CIP）数据

塑料模具数字化设计与制造综合技能实训/徐新华，刘红伟，房增寿编著. —北京：机械工业出版社，2022.12（2025.2 重印）
（职业院校模具数字化设计技能大赛系列丛书）
ISBN 978-7-111-71580-1

Ⅰ.①塑…　Ⅱ.①徐…②刘…③房…　Ⅲ.①数字技术-应用-塑料模具-设计②数字技术-应用-塑料模具-制模工艺　Ⅳ.①TQ320.5

中国版本图书馆 CIP 数据核字（2022）第 166779 号

机械工业出版社（北京市百万庄大街 22 号　邮政编码 100037）
策划编辑：汪光灿　　　　　责任编辑：汪光灿　赵文婕
责任校对：陈　越　贾立萍　封面设计：陈　沛
责任印制：张　博
北京建宏印刷有限公司印刷
2025 年 2 月第 1 版第 2 次印刷
184mm×260mm · 11.25 印张 · 276 千字
标准书号：ISBN 978-7-111-71580-1
定价：39.00 元

电话服务　　　　　　　　　网络服务
客服电话：010-88361066　　机　工　官　网：www.cmpbook.com
　　　　　010-88379833　　机　工　官　博：weibo.com/cmp1952
　　　　　010-68326294　　金　书　网：www.golden-book.com
封底无防伪标均为盗版　机工教育服务网：www.cmpedu.com

前　言

　　本书是理实一体化的模具职业技能学习教材，立足于培养21世纪的高新技术技能专业人才，根据教育部现阶段技术技能人才的培养培训方案的指导思想，结合现代企业对模具专业技能的新要求，为贯彻培养学生应用能力和创新能力的精神而编写。

　　计算机辅助设计软件、计算机辅助制造软件、数控机床的基本操作技能、钳工的基本操作技能、注射机成型工艺技术和现代化的蓝光检测技术这6个方面的专业知识对于现代模具制造来说，缺一不可，否则即便遇上常见的模具问题，也会因基础知识和基本技能的缺乏而苦无对策，使简单的问题变成疑难问题。出现疑难问题的主要原因是，对模具制造工艺知识的掌握不够全面，弄不清楚各种工艺之间会产生哪些相互的作用和关系。因此，只有对模具操作技能和专业知识掌握全面，对模具制造技术经验积累逐渐丰富，才能解决模具制造过程中的疑难问题。

　　本书从生产实践出发，通过对一套典型模具进行设计、加工、制造、装配、检测5个环节，全面系统地讲解了现代模具的制造方法。以系统性、完整性、实用性为宗旨，以注射模具设计与制造技巧与操作为要点，以文、图、表紧密配合的方式带领学生逐步了解并掌握现代模具制造的方法。

　　本书把项目化教学与情景教学思想贯彻其中，文字通俗易懂，非常适合作为职业院校模具设计与制造专业学生的教材。

　　本书由浙江工商职业技术学院徐新华、青岛工程职业学院刘红伟、山东省轻工工程学校房增寿编写。在编写过程中，编者力求做到内容精炼、知识实用、通俗易懂，同时突出覆盖面广、通用性强的特点。

　　由于编者水平有限，书中难免还存在不足和疏漏之处，欢迎广大读者批评指正。

编　者

目 录

目

录

V

模块1 职业道德

【模块任务】

职业道德是所有从业人员在职业活动中应该遵守的基本行为准则，是社会道德的重要组成部分，是社会道德在职业活动中的具体表现，是一种更为具体化、职业化、个性化的社会道德。要成为一名称职的劳动者，首先要遵守职业道德。

职业道德建设的一个很重要的方面，是培养和树立道德行为主体的道德责任意识。随着现代社会分工的发展和专业化程度的增强，市场竞争日趋激烈，对从业人员的职业观念、职业态度、职业技能、职业纪律和职业作风的要求越来越高。要大力倡导以"爱岗敬业、诚实守信、办好公道、奉献社会"为主要内容的职业道德，在工作中做一名优秀的建设者。

本模块将从7S管理标准、职业素养和设备日常维护与保养三个方面来说明模具工最基本的职业道德以及要遵守的一些规范。

项目1　7S 管理标准

【任务描述】

7S管理，是指对生产现场各要素（人、机、料、法、环）所处状态不断进行管理和改善的基础活动。7S管理方法是很多企业的一项基础性管理手段，其本质就是人的规范化操作以及地、物的明朗化摆放。

7S管理的内容包括整理、整顿、清扫、清洁、素养、安全、节约七个方面。

图1-1所示为企业张贴的一组7S管理的宣传图片，通过图片的形式生动直观地阐明了7S管理的内容及涵义。

图1-2所示为学校7S管理下的实训车间，图1-3所示为学校7S管理下的工具摆放。现场有明显的标识，并且物料按一定要求整齐排列摆放。

本任务中，我们将通过一组组图片认识7S管理，了解它的含义及作用并将其贯穿于学习过程中。

【工作任务】

1. 根据7S管理的要求，在工具橱表面合理摆放所用的工具、刀具和量具，保证摆放的物品整齐。

2. 根据7S管理的要求，将工具箱内的物品分类摆放整齐，精度高的应放置稳妥，重物放下层，轻物放上层，并养成习惯。

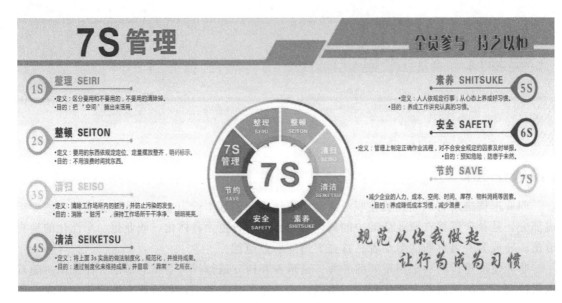

图 1-1　7S 管理宣传图片

图 1-2　学校实训车间

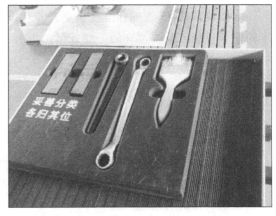

图 1-3　工具摆放

3. 根据 7S 管理的要求，清扫要彻底，不留死角，并且随时打扫；擦拭设备时要边擦边检查；清扫工具要摆放整齐，方便使用。

4. 根据 7S 管理的要求，着装要规范。

【职业素养要求】

◆ 技能素养

1. 了解 7S 管理的基本内容。

2. 掌握车间 7S 管理的基本要求。

◆ 专业素养

1. 能够按照 7S 管理标准，维护工作现场环境，养成良好的职业道德、安全规范、责任意识、风险意识等素养。

2. 具有质量意识兼顾效率观念,具备在一定压力下工作且不受外界影响的稳定的心理素质。

3. 具备良好的协作沟通能力。

4. 引导学生训练精益求精的工匠精神和敬业精神。

【任务分析】

学习中认真听讲,实践中循序渐进、认真完成、精益求精,持续不断地进行改进,达到7S 管理标准要求。

【任务指导书】

每人需要将表 1-3 填写一式三份,并写好小组号和姓名。填写完成后的三份表格车间保存一份,车间管理老师保存一份,学生自己保存一份。

【实施步骤】

1. 7S 管理的基本内容和含义

7S 管理的基本内容和含义见表 1-1。

表 1-1 7S 管理的基本内容和含义

内容	口诀	含义	着眼点
整理	要与不要,一留一清	区分必要物和不要物,处理不要物	节约空间,简化现场
整顿	合理放置,清晰标识	四定:定数量、定位置、定方法和定标识;三易:易见、易取、易还	节约时间,提高效率
清扫	清扫环境,擦拭设备	教学场所的清扫,设备的擦拭和检查	环境整洁,设备良好
清洁	制定规范检查批评	7S 活动标准化,7S 检查常态化	巩固成果,持续整洁
素养	养成习惯,主动改善	养成遵守规范的好习惯,提升自我管理和主动改正的能力	团队精神,企业文化
安全	预防事故,消除隐患	安全检查、整改和训练,安全事故分析与防范	没有隐患,长久安全
节约	秉承节约,勿随意丢弃	对时间、空间和资源等方面合理利用,发挥它们的最大效能	加大宣导,加强巡查

2. 7S 管理的实施步骤和要求

(1)整理 整理是正式启动 7S 管理活动的第一步,如图 1-4 所示,其意义就是把不需要的物品清理出教学现场,只留下必要物,重点区域包括教学(实训)现场、教师办公区及设备不易清洁的底部,还有生产现场堆放物料的角落等一些比较隐蔽的场所。

1)区分必要物和不必要物。

2)设立暂存区。

① 在检查中,一旦发现不必要物可以先将其放在暂存区,并用红色或醒目的标签进行标识。暂存区可以选择相对宽敞、明显又不影响教学和搬运的地方。

② 暂存区的物品可以放置 1~2 周,不可以长期存放。如果在短期内都不会使用的物品,则可以将其放在仓库保管。

③ 对于一些废弃的物品，例如旧桌椅、旧配件等，可以设立一个再利用区域，有专人对其进行保管，有需要时可以领用，并做好记录，实现物尽其用。

④ 根据现场需要确定必要物，不能模棱两可；对教学物料要有控制，尽量做到用多少领多少，物料不过夜；对未定物品要认真归类放置在暂存区，不可错误放置。

（2）整顿 整顿是对必要物进行处理，如图1-5所示，以保证用最短的时间找到教学中所需用品，提高教学效率。整顿包括四项基础活动：定数量、定位置、定方法和定标识。

图1-4 整理

图1-5 整顿

1）将教学使用的工具存放于相对固定的位置，按照使用频率、大小、轻重进行顺序摆放。

2）根据教学实际，可以采用工具箱对使用工具进行管理，应在工具箱上标注工具的型号、类别、使用属性；将学生加工的成品、半成品及原材料放入加工箱并进行管理，将学生的姓名和班级写在卡片上，挂在加工箱显著位置，便于查找和更换。

3）对于使用的教学设备要定期进行保养维修，建立详细的维修卡片，放于设备易查看位置。

4）在整顿物品时，不能只考虑美观整齐，还要注意取放方便。

（3）清扫 清扫是将教学现场的设备擦拭干净，保持教学环境干净、整洁，如图1-6所示。清扫包括三个方面，一是"扫黑"，即清除垃圾、灰尘、纸屑和蜘蛛网等；二是"扫漏"，即排查漏水和漏油等情况；三是"扫怪"，即检查现场的声音、温度和振动等情况。

1）制订清扫指导书，明确清扫标准。

2）清扫原则：清扫要彻底，不留死角，随时打扫；擦拭设备要边擦边检查，发现问题及时上报主管教师；清扫工具要摆放整齐，方便领取。

3）清扫过程要彻底，其他人员要珍惜他人劳动成果。

（4）清洁 清洁（图1-7）就是将7S管理转化成日常管理的一部分，变成常规行为，长期贯彻，保持已取得的成绩，不断检查改正，使 7S 管理能够得到贯彻执行。清洁过程中要通过一定的标准衡量不同的执行情况，包括推进标准和检查标准。

图 1-6　清扫

图 1-7　清洁

1）教师和学生的自我检查。通过自我检查，可以发现教师及班级负责的责任区与 7S 管理规范要求之间的差距，及时采取措施改进。同时设立日常清洁人员安排表，负责相应区域的清扫与整理。

2）设置看板。在实训楼不同区域设置看板，将检查 7S 管理成果内容可视化。看板的形式多样，包括小黑板、墙面宣传栏等形式。看板展示的内容包括 7S 管理的基本知识介绍、实施 7S 管理的日程及安排、7S 管理各个小组的成员及各实训区域负责人。

3）7S 管理不是大扫除，而是改善和提升教学效果的方法。7S 管理工作不是附加任务，而是日常教学内容的一部分。

（5）素养　素养是 7S 管理的最高阶段，也是开展 7S 管理的最终目的，是使同学们养成良好的职业素养，更快适应企业环境的有效方法，如图 1-8 所示。

1）素养的具体表现。遵守规章制度；有强烈的时间观念，按时上下课；着整齐工装校服，教师佩戴胸牌；自觉维护教学环境的整洁；养成良好的操作习惯，能较快地进入角色；不断进取，勇于创新；从小事着手，杜绝工作中的浪费现象；善于总结和思考，提高自己的应变能力；将理论学习和实际操作相结合；为他人着想、为他人服务、尊重他人；待人接物有礼貌；以积极的心态去学习、去锻炼，不畏艰苦。

图 1-8　素养

2）同学们要按 7S 管理内容严格要求自己。

（6）安全 安全包括人和物的安全，原则是重在防范，避免事故发生，更不能存在安全隐患，如图 1-9 所示。

1）开展全面安全大检查，将存在的安全隐患分门别类进行汇总，进行定期检查。

2）注意事项：在实习过程中绝不允许违反操作规程，操作时应杜绝走神现象；加强检查监督，发现问题及时指正。

（7）节约 对时间、空间、能源等方面合理利用，以发挥它们的最大效能，从而创造一个高效率、物尽其用的工作场所，如图 1-10 所示。

图 1-9 安全

图 1-10 节约

实施时应该秉持三个观念：能用的东西尽可能利用；以"主人"的心态对待企业的资源；切勿将材料随意丢弃。

节约是对整理工作的补充和指导，在企业中应秉持勤俭节约的原则。

【重难点提示】

对于表 1-1 所列的 7S 管理的内容及含义的考核可在车间上课时随查。

项目 2 职业素养

【任务描述】

职业素养（Professional Quality）是劳动者对社会职业了解与适应能力的一种综合体现，其主要表现在职业兴趣、职业能力、职业个性及职业情况等方面。影响职业素养的因素有很多，主要包括受教育程度、实践经验、社会环境、工作经历以及自身的一些基本情况（如身体状况等）。一般说来，劳动者能否顺利就业并取得成就，在很大程度上取决于本人的职业素养，职业素养越高的人，获得成功的机会就越多。

【工作任务】

整理模具企业中员工需要具备的职业素养，在学校学习期间培养并锻炼这些素养。

【职业素养要求】

◆ 技能素养

1. 了解职业素养的分类及基本内容。

2. 熟知模具企业中的模具员工需要具备的职业素养。

◆ 专业素养（同模块 1 项目 1）

【任务分析】

整理模具企业的模具员工需要具备的职业素养，学习这些职业素养的内容并掌握其分类，锻炼并培养学生逐步养成优良的职业素养。

【任务指导书】

职业素养的分类见表 1-2。

表 1-2　职业素养的分类

序号	素养分类	对应的能力
1	理论知识和操作技能	对应课堂知识、技能
2	心理素养	对应压力，即限时通关，时间效率
3	工匠精神（精益求精素养）	对应更加精细，挑战极限
4	协作沟通素养	小组沟通、协作
5	职业道德(7S 管理)安全规范素养责任意识素养风险意识素养	对应 7S 管理内容：整理、整顿、清扫、清洁、安全、素养、节约
6	爱岗敬业素养	对应责任，如严格出勤等

【实施步骤】

1. 职业素养的影响因素

影响职业素养的因素很多，主要包括受教育程度、实践经验、社会环境、工作经历以及自身的一些基本情况（如身体状况等）。一般说来，劳动者能否顺利就业并取得成就，在很大程度上取决于本人的职业素养，职业素养越高的人，获得成功的机会就越多。

2. 职业素养的基本特征

职业素养具有下列一些主要特征。

（1）职业性　不同的职业应具备的职业素养是不同的。对建筑工人的职业素养要求，不同于对护士的职业素养要求；对商业服务人员的职业素养要求，不同于对教师的职业素要求。李素丽的职业素养始终是和她作为一名优秀的售票员联系在一起的，正如她自己所说："如果我能把 10 米车厢、三尺票台当成为人民服务的岗位，实实在在去为社会做贡献，就能在服务中融入真情，为社会增添一份美好。即便有时自己有点烦心事，只要一上车，一见到乘客，就不烦了。"

（2）内在性　职业从业人员在长期的职业活动中，经过自己学习、认识和亲身体验，对事物会有自己的判断，并清楚怎样做是对的，怎样做是不对的。有意识地内化、积淀和升华的这一心理素养，就是职业素养的内在性。我们常说，"把这件事交给某某去做，有把握，请放心。"人们之所以放心，就是因为其内在素养好。

（3）整体性　从业人员的职业素养是和他个人的整体素养有关。我们说某某同志的职业素养好，不仅指他的思想政治素养、职业道德素养好，还包括他的文化素养、专业技能素养好，甚至是心理素养好。一名从业人员，虽然其思想道德素养好，但文化素养、专业技能素养差，就不能说这个人的整体素养好。同样，一名从业人员的文化素养、专业技能素养都不错，但思想道德素养比较差，我们也不能说这个人的整体素养好。因此，职业素养一个很重要的特点就是整体性。

（4）发展性　一个人的素养是通过教育、自身社会实践和社会影响逐步形成的，它具有相对性和稳定性。但是，随着社会发展对人们不断提出的要求，以及人们为了更好地适应社会发展的需要，总是不断地提高自己的素养，因此素养具有发展性。

3. 职业素养的主要分类

1）身体素养是指体质和健康（主要指生理）方面的素养。

2）心理素养是指认知、感知、记忆、想象、情感、意志、态度、个性特征（兴趣、能力、气质、性格、习惯）等方面的素养。

3）政治素养是指政治立场、政治观点、政治信念与信仰等方面的素养。

4）思想素养是指思想认识、思想觉悟、价值观念等方面的素养。思想素养受客观环境等因素影响，例如家庭、社会、环境等。

5）道德素养是指道德认知、道德情感、道德意志、道德行为、道德修养、组织纪律观念方面的素养。

6）科技文化素养是指科学知识、技术知识、文化知识、文化修养方面的素养。

7）审美素养是指审美意识、审美情趣、审美能力方面的素养。

8）专业素养是指专业知识、专业技能、必要的组织管理能力等。

9）社会交往和适应素养主要是指语言表达能力、社交活动能力、社会适应能力等。

10）学习和创新方面的素养主要是指学习能力、信息能力、创新意识、创新精神、创新能力、创业意识与创业能力等。学习和创新能力是个人价值的另一种体现，能体现个人的发展潜力以及对企业的价值。

4. 自我了解

职业素养是劳动者走向就业的基本条件之一，但是如何才能了解自己的职业素养呢？了解自己职业素质的办法很多，归纳起来，主要有以下三种：

（1）接受职业指导　目前，许多就业服务机构，例如市、区县职业介绍服务中心、街道社会保障事务所等，都开设了"职业指导"服务项目，可以到那里接受相关指导。

（2）职业素质测试　部分职业介绍服务机构开设了"职业素养测试"的服务，求职者可在那里获得相关服务。

（3）自测 劳动者可以通过填答"职业素养"自测问卷，判断并了解自己的职业素养状况。

5. 模具从业者职业素养的提炼

通过对模具企业的模具从业者职业道德的提炼和总结，得出从事模具生产的工作者需要具备的理论知识及操作技能素养、心理素养、工匠精神（精益求精素养）、协作沟通素养、职业道德素养、安全规范素养、责任意识素养、风险意识素养、爱岗敬业素养等，而这些素养可以通过学习"模具制造"这门课程锻炼并获得。

以上职业素养可通过以下方式培养。

1）理论知识及操作技能素养：通过考核学生对知识、技能的掌握情况，学生可获得。

2）心理素质素养：通过对学生的限时考核训练，学生可获得。

3）工匠精神（精益求精素养）：通过加强对学生的要求，学生可获得（图 1-11）。

4）协作沟通素养：通过小组协作，共同解决问题，学生可获得。

5）职业道德素养、安全规范素养、责任意识素养、风险意识素养：通过随检 7S 管理内容，学生可获得。

6）爱岗敬业素养：通过严格考勤管理，学生可获得。

a）检测模具产品　　　　　　　　　　b）磨削模具零件

图 1-11　工作中模具小师傅

【重难点提示】

学生要想获得比较全面的职业素养，即理论知识及操作技能素养、心理素养、工匠精神

（精益求精素养）、协作沟通素养、职业道德素养、安全规范素养、责任意识素养、风险意识素养、爱岗敬业素养等，需要教师对学生所学知识进行考核、限时考核、小组考核，同时随时引导学生对自己提出更高的要求，使他们善于小组协作，通过小组协作，掌握共同解决问题的能力。

【任务考核】

职业素养考核标准及考核记录见表1-3。

表1-3　职业素养考核标准及考核记录

小组号				姓　名			
素养分类	考核方式	要求	配分/分	评分标准	检测结果	扣分	得分
理论知识和操作技能素养	现场确认	职业素养的影响因素	40	每条8分			
	现场确认	学生在学校如何提升职业素养	60	每条10分			
职业道德素养（7S管理）；安全规范素养；责任意识素养；风险意识素养	现场确认	正确操作、使用计算机及相关设备	扣分	每违反一项/次扣5分，直至扣完。发生问题者，查找原因			
	现场确认	课堂上工作服整齐、课堂秩序良好、安全文明操作	扣分				
	现场确认	打扫场地卫生并进行设备保养	扣分	每处不合格扣5分			
爱岗敬业素养	现场确认	请假、缺勤、成绩不理想重测	扣分	每次请假扣5分无故缺勤每次扣50分成绩不理想重测每次扣10分			
指导老师				最终得分			

项目3　设备日常维护与保养

【任务描述】

数控机床是机电一体化的高技术产品，它的产生是20世纪中期计算机技术、微电子技术和自动化技术高速发展的结果，是在机械制造业要求产品高精度、高质量、高生产率、低消耗和中、小批量、多品种产品生产实现自动化生产的结果。目前，数控机床的应用越来越广泛，其具有加工柔性好、精度高、生产率高等诸多优点，但数控机床是复杂的大系统，它涉及光、机、电、液等很多技术，发生故障是难免的，例如机械锈蚀、机械磨损、机械失效、电子元器件老化、插件接触不良、电流电压波动、软件丢失或本身有隐患等，因此要求数控机床维护人员不仅要掌握机械加工工艺以及液压气动方面的知识，还要具备电子计算机、自动控制、驱动及测量技术等方面的知识，这样才能全面的了解和掌握数控机床，及时做好机床的维护与保养工作。图 1-12 所示为加工中心结构。

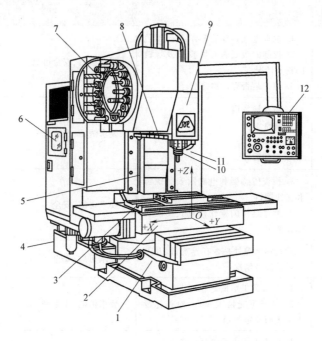

图 1-12　加工中心结构

1—床身　2—床鞍　3—工作台　4—底座　5—立柱　6—数控柜　7—刀库
8—换刀机械臂　9—主轴箱　10—刀具　11—驱动电源箱　12—控制面板

【工作任务】

通过学习，学生能够正确完成数控铣床的日常维护与保养。

【职业素养要求】

◆ 技能素养

1. 掌握数控机床维护与保养的基本知识。

2. 会对数控机床进行简单的二级保养。

◆ 专业素养（同模块 1 项目 1）

【任务分析】

数控机床的日常保养主要要从机械部件的维护、数控系统的维护和机床机床精度的维护三个方面入手。

【任务指导书】

数控铣床二级保养内容见表 1-4。

表 1-4　数控铣床二级保养内容

设备名称			机床型号		设备编号	
设备保养时间		年　月　日		联系人		
序号	保养部位	检查内容	检查要求		确认	保养维修状况
1	控制面板	1. 检查电气装置是否有异味、变色 2. 控制面板是否有磨损以及螺钉的松紧情况 3. 检查是否有污物并清理	要求清洁、安全可靠		☐ ☐ ☐	
2	数控柜	1. 清洗换气扇 2. 清洗油雾 3. 清除灰尘 4. 整理线路	要求清洁、安全可靠		☐ ☐ ☐ ☐	
3	电气装置	1. 检查传感器和电磁阀安装螺钉和接线螺钉 2. 通过具体的操作检查其功能和动作情况	要求可靠、安全		☐ ☐	
4	伺服电动机	检查轴承等处是否有异响,以及不正常的温升情况	要求可靠、安全		☐	
5	工作台	1. 台面及 T 形槽 2. 对于可交换工作台,检查托盘上下表面及定位销	要求清洁、无毛刺		☐ ☐	
6	卡盘	1. 检查卡盘内是否有杂物 2. 回转油缸的漏油检查	要求清洁、安全可靠		☐ ☐	
7	主轴装置	1. 检查主轴锥孔 2. 检查主轴拉刀机构 3. 检查主轴冷却风扇 4. 检查存储电池 5. 检查主轴箱内是否更换润滑油和清洗滤网 6. 检查轴承等处是否有异响,以及不正常的温升情况 7. 检查 V 带外观及松紧度,并清理带轮	要求光滑、清洁、安全、可靠		☐ ☐ ☐ ☐ ☐ ☐ ☐	
8	各坐标传动装置	1. 检查、清洁各坐标传动机构、导轨和毛毡 2. 检查各坐标限位开关、减速开关、零位开关及机械保险机构 3. 调整丝杠螺母副的反向间隙 4. 检查丝杠与床身的连接是否松动 5. 检查支承与轴承是否损坏 6. 检查丝杠与滑板连接是否良好	要求洁净无污、无毛刺。压缩空气供给正常		☐ ☐ ☐ ☐ ☐ ☐	
9	自动换刀装置	1. 换刀机械手位置开关 2. 定位开关 3. 位置开关 4. 为换刀机械臂及刀库加注润滑油	要求安全、可靠、无毛刺		☐ ☐ ☐ ☐	

（续）

序号	保养部位	检查内容	检查要求	确认	保养维修状况
10	刀库	1. 检查、清洗刀盘、刀套和刀具锁紧机构 2. 检查刀盘上各刀头 3. 检查各定位机构	要求清洁、可靠、安全	□ □ □	
11	尾座	1. 检查套筒、丝杠 2. 检查尾架的锁紧机构	要求清洁、无毛刺、可靠	□ □	
12	液压系统	1. 清洗过滤器 2. 检查油位 3. 检查液压泵及液压油路 4. 检查压力表 5. 清洗冷却器 6. 清洗油箱	要求清洁、无污；压力表指示灵敏、准确	□ □ □ □ □ □	
13	气动系统	1. 清洗过滤器 2. 检查气路和压力表 3. 检查各气动元件的工作状态	要求洁净无污，无泄漏	□ □ □	
14	中心润滑系统	1. 检查油泵和压力表 2. 检查液压油路及分油器 3. 检查并清洗过滤器和油箱 4. 检查油位 5. 检查各润滑点	要求油泵无泄漏，压力表指示灵敏、准确，油路畅通、无泄漏；润滑油必须加至油标上限	□ □ □ □ □	
15	切削液系统	1. 清洗切削液箱，必要时更换切削液 2. 检查切削液泵、油路，清洗过滤器 3. 清洗排屑器 4. 检查排屑器上各按钮开关	要求洁净无污、无泄漏；排屑器运行正常	□ □ □ □	
16	机床精度的检查	1. X轴、Y轴、Z轴反向间隙检查 2. 机床精度失效检查 3. 机床水平校正 4. 机床数据备份	检查是否在机床精度范围内，并提出整改意见	□ □ □ □	
17	整机外观	1. 全面擦拭机床表面及死角 2. 清理机床周围环境	要求洁净无污	□ □	

【实施步骤】

1. 数控机床日常维护项目及维护原则

（1）数控机床日常维护项目

1）传动带的维护。定期调整主轴传动带的松紧程度，防止因传动带打滑造成的丢转现象；检查主轴润滑的恒温油箱，调节温度范围，及时补充油量，并清洗过滤器；主轴中刀具夹紧装置长时间使用后，会产生间隙，影响刀具的夹紧，须及时调整液压缸活塞的位移量。

2）滚珠丝杠螺母副的维护。定期检查、调整滚珠丝杠螺母副的轴向间隙，保证反向传动精度和轴向刚度；定期检查丝杠与床身的连接是否有松动；丝杠防护装置有损坏要及时更

模块1 职业道德

13

换，防止灰尘或切屑进入。

3）刀库及换刀机械臂的维护。严禁把超重、超长的刀具装入刀库，避免换刀机械臂在换刀时发生掉刀或刀具与工件、刀具与夹具发生碰撞；经常检查刀库的回参考点位置是否正确，检查机床主轴回换刀点位置是否到位；开机时，应使刀库和换刀机械臂空运行，检查各部分工作是否正常，特别是各行程开关和电磁阀能否正常工作；检查刀具在换刀机械臂上紧缩是否可靠，发现不正常应及时处理。

（2）数控系统的维护

1）严格遵守操作规程和日常维护制度。

2）应尽量少打开数控柜和强电柜门，在机加工车间的空气中一般都会有油雾、灰尘甚至金属粉末，一旦它们落在数控系统内的电路板或电子元器件上，容易引起元器件间绝缘电阻下降，甚至导致元器件及电路板损坏。有的用户在夏天为了使数控系统能超负荷长期工作，采取打开数控柜门来散热，这是一种极不可取的方法，将导致数控系统的加速损坏。

3）定时清扫数控柜的散热通风系统。应定期检查数控柜上的各个冷却风扇工作是否正常。每半年或每季度检查一次风道过滤器是否有堵塞现象。若过滤网上的灰尘过多，不及时清理，会使数控柜内温度过高。

4）数控系统的输入/输出装置的定期维护。20世纪80年代以前生产的数控机床，大多带有光电式纸带阅读机，如果读带部分被污染，将导致读入信息出错。为此，必须按规定对光电式纸带阅读机进行维护。

5）直流电动机电刷的定期检查和更换。直流电动机电刷的过渡磨损，会影响电动机的性能，甚至造成电动机损坏。为此，应对电动机电刷进行定期检查和更换。数控车床、数控铣床、加工中心等电动机电刷，应每年检查一次。

6）定期更换存储器电池。一般数控系统内对SRAM存储器设有可充电电池维护电路，以保证系统不通电期间能保持其存储的内容。在一般情况下，即使尚未失效，也应每年更换一次电池，以确保系统正常工作。电池的更换应在数控系统供电状态下进行，以防更换时SRAM内的信息丢失。

7）备用电路板的维护。备用的印制电路板长期不用时，应定期装到数控系统中通电运行一段时间，以防损坏。

（3）数控机床预防性维护

1）防止数控系统和驱动单元过热。由于数控机床结构复杂、精度高，所以对温度控制较严，一般数控机床都要求环境温度为20℃左右，同时机床本身也有较好的散热通风系统，在保证环境温度的同时，也应保证机床散热系统的正常工作。要定期检查电气柜各冷却风扇的工作状态，应根据车间环境状况每半年或一季度检查并清扫一次。数控及驱动装置过热往往会引起许多故障，如控制系统失常，工作不稳定，严重的还能造成模块烧坏。

2）监视数控系统的工作电压。通常数控系统的工作电压波动范围为85%～110%，如果超出此范围，轻则引起数控系统工作不稳定，重则造成重要的电子元器件损坏。因此，要经常关注工作电压的波动情况，对于电网质量比较差的地区，应及时配置合适的稳压电源，可降低故障发生率。

3）要求机床有良好的接地。现在有很多企业仍在使用三相四线制，机床零地共接。这样往往会给机床带来诸多隐患。因此，为了增强数控系统的抗干扰能力，最好使用单独的接地线。

4）定期检查机床润滑部位。为了保证机械部件的正常传动，数控机床的润滑工作就显得非常重要。要按照机床使用说明书上规定的内容对各润滑部位进行定期检查和定期润滑。

5）定期清洗液压系统中的过滤器。如果过滤器堵塞，往往会引起故障，例如液压系统中的压力传感器、流量传感器信号不正常，导致机床报警；有些液压缸带动的执行机构动作缓慢，导致超时报警或执行机构动作不到位等。

6）定期检查气源情况。数控设备都要使用压缩空气来清洁光栅尺，吹扫主轴及刀具，进行油雾润滑以及用气缸带动一些机械部件传动等。要求气源达到一定的压力并且要经过干燥和过滤。假如气源湿度较大或气管中有杂质，会对光栅尺造成极大的影响甚至会损坏光栅尺。同时油雾润滑的气源中如含有水和杂质会直接影响润滑效果，尤其是高精度、高转速的主轴。

7）定期更换液压油和切削液。由于液压系统是封闭网路，液压油在使用一定时间后，油质会有所改变，影响液压系统的正常工作，所以必须按规定定期更换液压油。

使用切削液长时间冲洗零件，易使切削液受到污染，影响系统的正常工作，因此需要定期更换切削液。

8）定期检查机床精度。机床在使用一段时间后，其精度有所下降，甚至有可能出废品。通过对机床精度进行检测，可及时发现机床存在的某些隐患，如某些部件松动等。用激光干涉仪对位置精度进行定期检测，如发现精度有所下降，可通过数控系统的补偿功能对位置精度进行补偿，恢复机床精度，提高生产率。

9）要注重数控柜的防尘和密封。车间内空气中飘浮着灰尘和金属粉末，如果数控柜的防尘措施不妥当，金属粉末很容易积聚在电路板上，使电器元件间的绝缘电阻下降，从而使机床出现故障，甚至使电器元件损坏。这一点对于电火花加工设备和火焰切割设备尤为重要。另外，有些车间卫生较差，老鼠较多，如果数控柜密封不好，会经常出现老鼠钻进数控柜内咬断控制线，甚至将车间内的肥皂、水果皮等杂物带到线路板上，这样不仅会造成电器元器件损坏，严重的会使数控系统完全不能工作。

10）注重机床数据的备份和技术资料的收集。数控机床尤其是较为复杂的加工中心仅机床参数就有几千个，还有 PLC 程序以及宏程序等，而数控机床有时会发生主板或硬盘故障或由于外界干扰等原因造成数据丢失。如果没有备份数据，有可能造成系统失灵。同时，完整的数控设备技术资料显得非常重要，有些机床生产厂家提供的资料不全，给工作带来很多不便。因此，在平时的工作中一定要注重收集相关技术资料。

11）定期检查机床制冷单元运行情况。很多机床尤其是加工中心都配有制冷单元，制冷单元运行得好坏，直接影响机床精度和寿命。如果制冷单元运行情况不好，则主轴在高速旋转时温度曲线表中主轴温升就非常快。此时操作人员如果不及时采取措施，轻则影响产品精度，重则损坏主轴。因此，要经常清洗制冷单元进/出风口的过滤网，重视空调高低压保护情况，防止制冷剂发生泄漏等。

12）数控设备在长期不用时的维护。当数控设备长期闲置不用时，也应定期对其进行保养。首先应经常给系统通电，在机床锁住不动的情况下让其空运行，利用电器元件本身的热量驱散数控柜内潮气，以保证电子元器件的性能稳定可靠。实践证实，经常闲置不用的机床，尤其是在梅雨季节后，开机时往往容易发生各种故障。如果机床闲置时间较长，应将直流电动机电刷取出来，以免因化学腐蚀而损坏换向器。

（4）数控机床维护原则

1）一般原则：有怀疑应先分析和验证，而不是立即动手更换和修理，并且要查对故障原因，找准故障症结，杜绝非正常故障的再次发生。

2）对于数控机床，主要检查外围及接口电路、输入信号。因主电路元件很少损坏，不要轻易拆装，同时注意将程序备份、断电保持功能等。

3）对电气维护人员的要求。电气维修是一项手脑结合的工作，不但需要扎实的基础和综合技能，还要求不断更新专业知识。因此，电气维护人员必须具备较强的学习能力。

要求电气维护人员思路清晰，逻辑性强，能正确运用反向、求异和发散思维以及跳跃性和创造性思维，摆脱成见和思维定势，在问题得到解决后能及时总结经验；对机床出现的故障要遵循观察、分析、判断、证实、处理、再观察的规律；要养成仔细阅读说明书，列出工作程序表，标记号，做笔记的习惯；维护工具的放置和使用要规范；要遵守安全操作规程，对有关的安全标准和规章制度也要严格遵守，养成良好习惯，确保人身和设备安全。

（5）数控机床正确使用的相关注意事项

1）为了使机床在加工过程中正常运行，要求操作者必须熟悉机床的性能、结构、传动原理及控制系统，严禁超性能使用机床。

2）为了防止机床在生产过程中突发意外状况，要求操作者在工作前，应按规定对机床进行检查，查明电气控制是否正常，各开关、手柄位置是否在规定位置，是否按规定加注润滑油。

3）开机时应先调整液压和气压系统，确保系统的工作压力在额定范围内，溢流阀、顺序阀、减压阀等位置正确。定期清理气压系统的杂质和水液，保持系统环境的清洁和干燥。

4）开机时应低速运行 3~5min，查看各部分运行情况是否正常。

5）为了使工件的加工精度更高，要求操作者在加工前，必须进行加工模拟或试运行，按规定调整加工原点、刀具参数、加工参数及运动轨迹，特别注意工件的装夹要牢固。

6）机床运行中如果发生异常现象或故障时，应立即停机排除，或是通知维修人员检修。

7）加工完毕，应及时清扫机床，并将机床回复到原始状态。

（6）数控机床的使用要求

1）对机床操作者的要求。数控机床操作者必须具备机、电、液基础知识和一定的机械加工实践能力。一名合格的操作者应具有熟练的操作技巧及快速理解程序的能力，还应该具备对常见故障的判断与处理技能。

2）机床位置及环境要求。机床的位置应远离振源，避免阳光直射、热辐射、潮湿及气流的影响。数控机床的环境温度应低于30℃，相对湿度不超过80%。

3）数控机床对电源的电压有较高的要求，电源电压的波动必须在允许范围内，并保持相对稳定。

4）应按机床说明书使用机床。使用机床时，不允许随意改变制造商设定的控制系统参数，不允许随意提高液压系统的压力及更换机床附件等。

【重难点提示】

1. 机械部件的维护

1）传动链的维护。

2）滚珠丝杠螺母副的维护。

3）刀库及换刀机械手的维护。

2. 数控系统的维护

1）严格遵守操作规程和日常维护制度。

2）应尽量少打开数控柜和强电柜门。

3）定时清扫数控柜的散热通风系统。

4）数控系统的输入/输出装置的定期维护。

5）直流电动机电刷的定期检查和更换。

6）定期更换存储器电池。

7）备用电路板的维护。

3. 机床精度的维护

定期进行机床水平和机械精度检查并校正。机床机械精度的校正方法有软硬两种。其软方法主要是通过系统参数补偿，如丝杠反向间隙补偿、各坐标定位精度定点补偿、机床回参考点位置校正等；硬方法一般要在机床大修时进行，如进行导轨修刮、滚珠丝杠螺母副预紧调整反向间隙等。

项目4　安全知识与实训准备

【任务描述】

安全生产要以人为本，首先保护自身生命，然后保护财产安全。模具工安全生产规范是操作者在生产过程中必须要遵守的，在学习和生产中，每一个操作者都要自觉地遵守所属部门的劳动规程，并且在接触新的劳动规程之前要进行全面深入的学习（图1-13），只有深刻地认识和了解劳动规程，才能真正做到安全生产。

图1-13　在进入模具实训中心前对学生进行安全教育

【工作任务】

通过学习模具工常用机床的安全操作规程，做好实训前的安全准备工作，学生养成良好的模具工的安全文明生产习惯。

【职业素养要求】

◆ 技能素养

1. 掌握常用机床安全操作规程的基本内容。

2. 做好实训前的安全准备工作。

◆ 专业素养（同模块 1 项目 1）

【任务分析】

在模具的学习和生产中，要做到安全文明生产，保障人身和设备的安全就需要了解不同类型的模具生产机床的安全操作规程，需要从穿戴安全文明生产的基本素养开始学习。

【任务指导书】

一、安全知识

1. 磨床安全操作规程

1）操作前应先检查机床各手柄是否置于正确位置。

2）对于机床说明书上要求润滑的部位按时加注润滑油。

3）加工前开动机床低速运行 3～5min，使机床各导轨充分润滑，并检查机床各种运动及声音是否正常，同时检查砂轮是否有损坏。

4）操作磨床时，操作者应避免正对砂轮的旋转方向，以免发生意外。

5）在平面磨床上进行操作时，应先检查工件是否装夹牢固，以免工件飞出伤人。机床工作时不要站在工作台运行方向。

6）操作机床时应穿紧口工作服并不得戴手套，女同学要戴工作帽。

7）加工过程中要选择合适的切削用量和进给速度，在保证砂轮锋利的同时要加注充足的切削液，以免工件受力、受热过大而出现危险。

8）加工过程中不得离开机床，应密切注意加工情况（图 1-14）。工具和量具应放在安全的位置。

9）加工完成后，将机床各手柄置于正确位置。砂轮停止转动后方可取下工件。

10）再次加工时，应在砂轮静止的状态下重新调整砂轮和工件之间的相对位置，以免砂轮和工件距离不当，造成工件和砂轮受损及人身危险。

11）使用完毕及时清理磨下的铁屑，擦

图 1-14 学生在操作磨床

干切削液，以免机床被腐蚀，并关闭机床电源。

12）在日常工作中，对于机床上易松动部件和限位部件要经常检查，如有问题应及时调整，使机床常处于最佳的工作状态。

2. 砂轮机安全操作规程

1）安装前应检查砂轮片是否有裂纹，若肉眼不易识别，可用坚固的线把砂轮吊起，再用一根木头轻轻敲击砂轮片静听其声（金属声则优、哑声则劣）。

2）砂轮机必须装有合适的砂轮罩，否则不得使用。

3）安装砂轮时，螺母不易拧得过松或过紧，在使用前应检查螺母是否松动。

4）砂轮安装好后，一定要空转试验2~3min，查看其运转是否平衡，保护装置是否完善可靠；在测试运转时，应安排两名工作人员，其中一人站在砂轮侧面开动砂轮，如有异常，由另一人在配电柜处立即切断电源，以防发生事故。

5）使用砂轮机时，必须戴防护眼镜。

6）开动砂轮时必须运转40~60s，待转速稳定后方可磨削，磨削刀具时应站在砂轮的侧面，不可正对砂轮，以防砂轮片破碎，飞出伤人。

7）严禁两人同时使用一片砂轮。

8）刃磨时，刀具应略高于砂轮中心位置，不得用力过猛，以防刀具滑脱伤手。

9）砂轮机未经许可，不许乱用。

10）使用完毕应随手关闭砂轮机电源。

11）下班时应将砂轮机及周围环境清扫干净。

3. 铣床安全操作规程

1）操作前要穿紧身防护服，将袖口扣紧，上衣下摆不能散开，严禁戴手套，防止机器绞伤。必须戴好安全帽，不得穿拖鞋。戴好防护眼镜，以防铁屑飞溅伤眼，并在机床周围安装挡板使之与操作区隔离。

2）装夹工件前，应拟定装夹方法。装夹毛坯件时，台面要垫好，以免损伤工作台。

3）移动工作台时紧固螺钉应拧松，不移动工作台时紧固螺钉应拧紧。

4）装卸刀具时，应保持铣刀锥体部分和锥孔的清洁，使铣刀装夹牢固。高速切削时必须戴好防护眼镜。工作台上不准堆放工具、零件等杂物，注意刀具和工件的距离，防止发生碰撞。

5）安装铣刀前应检查刀号；铣刀尽可能靠近主轴安装，装好后要试车，安装工件应牢固。

6）工作时应首先选择手动进给，然后逐步自动进给。自动进给时，拉开手轮，确保限位挡块牢固，不准放到头，不要走到两极端而撞坏丝杠；使用快速行程时，要事先检查是否会发生碰撞等现象，以免碰坏机件或发生铣刀碎裂飞出伤人。要经常检查手柄内的保险弹簧是否有效可靠。

7）加工时禁止用手触摸切削刃和加工部位。测量和检查工件必须停车进行，加工时不允许调整工件。

8）主轴停止前，须先停止进刀。如果吃刀量较大时，应先停车再退刀；加工毛坯时主轴转速不宜太快，要选好吃刀量和进给量。

9）如果机床出现故障，应立即停车检查并报告指导教师。工作完毕应做好清理工作，并关闭电源。

4. 台钻安全操作规程

1）工作前安全防护准备。

① 按规定加注润滑脂。检查手柄位置，进行保护性运转。

② 穿好工作服、扎紧袖口。长头发的同学必须戴工作帽。

③ 严禁戴手套操作，以免被钻床旋转部分绞住，造成事故。

2）安装钻头前，需仔细检查钻套，钻套标准化锥面部分不能碰伤凸起，如有，应用油石修好、擦净后方可使用。拆卸时必须使用标准斜铁。装卸钻头要用夹头扳手，不得使用敲击的方法装卸钻头。

3）未得到指导教师的许可，不得擅自开动钻床。钻孔时不可用手直接拉切，也不能嘴吹切屑。头部不能靠近钻床旋转部分。机床未停稳，不得转动变速盘，禁止用手握住未停稳的钻头或钻夹头。只允许一人操作钻床。

4）钻孔时工件装夹应稳固，特别是在钻削薄板零件和小工件、扩孔或钻大孔时，工件装夹更要牢固。严禁用手把持工件进行加工。孔即将钻穿时，要减小压力与进给速度。

5）钻孔时严禁在开车状态下装卸工件。利用机用平口钳夹持工件钻孔时，要用左手扶稳机用平口钳，防止其掉落伤脚。钻小孔时，压力相应要小，以防钻头折断飞出伤人。

6）要用毛刷等工具清除铁屑，不得用手直接清理。工作结束后，要对机床进行日常保养，切断电源，打扫场地卫生。

5. 加工中心（数控铣床）安全操作规程

1）操作者必须熟悉机床的结构、性能及传动系统、润滑部位、电气等基本知识和使用维护方法。操作者必须经过考核合格后方可进行操作。

2）必须穿好工作服、束紧袖口、戴防护眼镜，严禁戴围巾和手套、穿裙子和凉鞋上岗操作。

3）检查润滑系统储油部位的油量是否符合要求。

4）检查机床、导轨以及各主要滑动面，如有障碍物、工具、铁屑、杂质等，必须清理、擦拭干净并上油。

5）检查操作手柄、阀门、开关等应处于非工作的位上。工作时应检查各手柄是否置于正确位置。

6）安全防护装置、制动（止动）装置和换向装置等应齐全完好；检查电器配电箱应关闭牢靠，电气接地良好。

7）按工艺规定进行加工，不准随意加大进给量和切削速度。刀具、工件应装夹正确，紧固牢靠，装卸时不得碰伤机床。

8）不准在机床主轴锥孔安装与其锥度或孔径不符和表面有刻痕的顶针、刀套等。

9）不准擅自拆卸机床上的安全防护装置，缺少安全防护装置的机床不允许工作。

10）开机时，工作台不得放置工具或其他无关物件，操作者应当注意不要使刀具和工作台发生撞击。切削刀具未离开工件不得停车。

11）对加工的首件进行动作检查和防止刀具发生干涉的检查，按"空运转"顺序进行。

12）切削加工要在各轴与主轴的转矩和功率范围内使用。使用快速进给时，应当注意工作台面情况，以免发生碰撞。

13）每次开机后，必须进行机床回参考点操作。

14）装卸工件、测量对刀、紧固心轴螺母及清扫机床时，必须停车。

15）程序第一次运行时，必须用手轮试切，避免因程序编写错误而造成的撞刀。

16）经常清除机床上的铁屑、油污，保持导轨面、滑动面、转动面、定位基准面清洁。工作中严禁用手清理铁屑，要用清理铁屑的专用工具，以免发生事故。

17）密切关注机床运转情况和润滑情况，如果发现动作失灵、震动、发热、爬行、噪声、异味、碰伤等异常现象，应立即停车检查，排除故障后，方可继续工作。

18）机床发生事故时立即按急停按钮，保持事故现场，报告有关部门分析处理。

19）刀具应及时更换。不准使用钝的刀具和过大的吃刀量、进给速度进行加工。

20）执行自动加工程序前，必须进行机床空运行。空运行时必须将 Z 向提高一个安全高度。

21）在手动方式下操作机床，要防止主轴和刀具与机床或夹具相撞。操作机床面板时，只允许单人操作，其他人不得触摸按键。

22）机床开动前必须关好机床防护门。机床开动时不得随意打开机床防护门。

23）操作者在工作中不许离开工作岗位，如需离开时无论时间长短，都应停车，以免发生事故。

24）自动加工中出现紧急情况时，应立即按下复位按钮或急停按钮。当显示屏出现报警号，要先查明报警原因，采取相应措施，取消报警后，再进行操作。

25）工作后将操作手柄、阀门、开关等扳到非工作位置上。使机床停止运转，切断电源和气源。清除铁屑，清扫工作现场，认真擦拭机床。机床导轨面、转动及滑动面、定位基准面、工作台面等处加油保养。严禁使用带有铁屑的脏棉纱擦拭机床，以免划伤机床导轨面。

6. 线切割机床安全操作规程

（1）注意事项

1）应在机床规格范围内进行加工，不要超重或超行程工作。（工作台最大承载重量为 120kg）

2）开机前，检查各电器部件是否松动，如有断丝和部件脱落应及时通知专业人员维修。

3）检查机床的行程开关和换向开关是否安全可靠。

4）检查钼丝的紧张情况。

5）检查导轮是否有损伤，有损伤要及时更换导轮，防止卡断钼丝。

6）检查导电块是否有损伤，有损伤要及时调整工作面位置，防止卡断钼丝。

7）检查机床需要润滑的部位是否有足够的润滑油。

8）检查切削液箱中的切削液是否充足，水管和喷嘴是否畅通，不应有堵塞现象。

（2）操作程序

1）机床上电。确认电气柜门关好后，闭合电源总开关，电源指示灯亮。同时检查工作台行程限位开关、储丝筒的换向开关及急停按钮是否安全可靠。

2）根据图样尺寸要求及工件的实际情况计算坐标点编制程序，注意工件的装夹方法和钼丝直径，应选择合理的切入位置。

3）驱动器工作时禁止插拔软盘。

4）开启走线电动机、水泵电动机及控制面板上的高频开关。

5）检查程序坐标方向是否与工件安装位置的坐标方向一致。

6）加工时，上电操作顺序为：闭合电源总开关，启动数控系统，启动储丝筒，启动工作液泵，启动脉冲电源。

7）加工中禁止触摸工件，以免发生触电事故。

8）操作结束后应将工作区域清理干净，应将夹具和附件等擦拭干净并放回原处。

9）加工结束后应按顺序先关闭机床的高频脉冲电源开关、水泵开关，再关闭储丝筒开关，如果要总体关机，按下总电源开关红色按钮即可。

（3）日常保养

1）横向进给齿轮箱和纵向给进齿轮箱，每班应加一次30号机油。

2）储丝筒各传动轴，储丝筒丝杠螺母，储丝筒拖板导机，每班应加一次30号机油。

7．电火花机安全操作规程

1）开机后先看电压是否在额定范围内，检查各油压表数值是否正常，再接通高频脉冲电源。液压泵压力正常后，用手上下移动主轴，待全部正常后，方可进行自动加工，如图 1-15 所示。

图 1-15　学生在开机前检查线切割机床

2）抽油时，要注意真空表指数，不许超过真空额定压力，以免油管爆裂。

3）在进行电火花加工时，应使切削液对准工件，以免火花飞溅而着火。

4）如果发生故障，应立即关闭高频脉冲电源开关，并使电极与工件分离，再分析故障原因。工作台上不准放入其他物品，尤其金属器件。禁止湿手接触开关或其他电气部分。

5）发生火灾时，应立即切断电源，应用四氯化碳或干粉、干砂等扑救，并应及时报告。严禁用水或泡沫灭火机。

6）机器运转时若现场无人，应立即切断高频脉冲电源开关和切断控制台交流稳压电源，先关闭高压开关，后关闭电源开关。

7）通电后，严禁用手或金属接触电极或工件。操作者应站在绝缘橡胶板或木垫板上。

8. 钳工安全操作规程

1）不得用无手柄的刀、刮刀等。锤子手柄锤头的安装必须牢固可靠并加楔确保不脱落。

2）工件夹紧在钳口内要牢固，装夹小而薄的工件时，应小心，以免夹伤手指。

3）一切工具安放要稳当，不要伸出钳桌处，以免受震动或碰掉后摔坏或造成其他事故。

4）錾子、样冲头等尾部不准淬火或有裂纹、卷边、毛刺等情况。

5）锉刀不准叠放，不准用锉刀当锤击工具使用。

6）錾切工件时，不能正面对人。接近尽头处，锤击力应稍，缓以免切屑飞出伤人。

7）用手锯工件时，用力要均匀，不能重压或强扭，工件快断时，用力要小而慢。

8）攻螺纹和钻孔时用力要均匀，以免损坏丝谁和铰刀。

9）使用砂轮机和钻床设备时，实习学生应在师傅的指导下进行，并遵守其使用规则。进入砂轮间磨刀必须通知指导师傅。

10）装配清洗零件时，注意不要接进火种，用油加温轴承时，温度得超过 200°，以防发生火交。

11）使用电炉及产品试车时注意有无漏电现象，以防触电。

12）装配中使用扳手、螺钉旋具等用力不能过猛，以防打滑造成事故。

二、实训准备

学生实习期间安全要求：自觉遵守法律、法规、厂纪、厂规以及学校的各项规章制度。

1. 学生实习守则

1）学生进出实训中心实习，必须听从实习教师指导，严格遵守各项规章制度。提前 10min 排队进入实习车间，不许迟到、早退、串岗、旷课。严格执行请假销假制度。实习时间不准会客，不准说笑、打闹，不许看课外书。

2）实习学生进入车间，须穿工作服，长头发的同学尤其要注意戴好工作帽，禁止穿拖鞋进入实习车间。不实习的学生不准随便进入车间。

3）热爱自己的专业，实习实训课前必须做好充分准备，必须预习实习实训内容并复习有关理论知识，了解实习实训课的目的、内容、要求、方法、步骤和实习实训所应注意的事项等。认真上好实习课，掌握每个实训课题的操作方法、过程与技巧，完成实习大纲规定的实习任务。

4）实习期间不许随意调整和换用实习位置。

5）实习中零部件的摆放要整齐有序，禁止在通道上乱放工件与杂物，严格遵守 7S 管理。

6）尊敬师长，团结同学，讲文明，懂礼貌，不抽烟，不喝酒，不打架斗殴。

7）实施实训准备就绪后，经指导教师检查合格后方可开动机器或仪器进行实习实训。实习实训时要严格遵守操作规程，注意操作安全，并爱护仪器和设备，严格执行工艺路线，如图 1-16 所示。

8）严禁实习期间干私活，一经查出予以没收，并严肃处理。实习车间的一切量具、工具、刀具、模具、工装、原材料的不准私自带出，否则按盗窃处理。

9）实习实训课结束后，必须打扫卫生。将仪器、工具整理好，经指导教师清点检查后方可离开。发现仪器和设备损坏，应报告指导教师，查清原因，如属违反操作规程而损坏者，按损坏仪器和设备赔偿制度处理。

图 1-16　学生在操作加工中心

2. 实训中心管理规定

1）所有进出人员，必须服从管理，爱护车间内设备和设施，保持良好的工作环境。

2）实训场地内不得随地吐痰，不得乱丢垃圾。

3）每天上下班前打扫卫生，物品摆放要整齐。

4）参加实习的师生要爱护设备，确保机床各部位运转和润滑正常。

5）坚持文明生产，严格遵守安全操作规程，严禁违章作业和野蛮操作。

6）未经允许不得随意拆卸、摆弄和操作机床。

7）安全用电和用水，人走关灯，不得随意私拉乱装电器设备。

8）工作区域内的工具应放到指定位置，零件摆放有序，不得随意堆放。

9）保持实训场地整洁卫生（图 1-17）。

10）严格遵守 7S 管理。

3. 车间安全操作规程

1）总则。建立健全安全实习的规程，保证安全地实习实训，保护学生和教师的安全和健康，是实践教学的一贯政策。安全操作规程是广大师生多年实践教学的积累和总结，是对学生在实习中的安全健康和机器设备安全运行的重要保证。全体师生应本着对生命财产高度负责的态度，自觉遵守本规程，进入实训中心上课的学生必须接受安全教育。希望全体师生互相关怀，互相监督，

图 1-17　模具实训中心

共同做到安全实习。

2）安全实习守则。

① 全体师生除认真执行与本职工作有关的安全规程和规则外，都必须遵守本守则。

② 工作前女同学（包括留长头发的男生）必须按规定戴好工作帽，将头发塞入帽内。

③ 上班前不准喝酒，工作中坚守岗位，因故离开岗位时，单人操作设备必须停机、断电。

④ 不是自己的操作的设备，未经指导教师批准，不得随意开动，不准独立操作设备。

⑤ 各种设备、工具开动使用前，要检查确认安全后方可使用。

⑥ 各种安全保护装置、信号标志、仪表和指示器等，不准任意拆除，并经常检查或定期检验，保证齐全有效。

⑦ 工作地点和通道必须保持整洁畅通。

⑧ 各种设备运转中不准触动危险部位。

⑨ 电气设备和线路的绝缘必须良好。电气设备的金属外壳必须采取可靠的接地或接零措施，非专业电工人员不准接、拆电气设备和线路。

⑩ 各种设备和工具不准任意超负荷、超重、超压、超速、超高、超长、超温使用。

⑪ 检查修理机械、电气设备时必须停电挂牌。合闸前检查确认无人检修并确定该设备电气检修完毕方合闸，停电牌必须严格执行"谁挂谁取"的原则，非工作人员严禁合闸。

⑫ 禁止任何人站在吊运物品下或在下面行走。

⑬ 多人作业要统一指挥、密切配合，严禁各行其是、盲目蛮干。

⑭ 各种消防工具、器材，要保持良好、有效，不得乱用。

⑮ 凡标有"禁止烟火"的场所，不得吸烟，更严禁明火作业。

⑯ 发生事故或未遂事故时，要做好现场保护和抢救工作并立即报告实习指导教师。

【实施步骤】

学生经安全教育考试合格后，方可进入实训场所。

依照学生实习守则、实训中心管理规定、车间安全操作规程等，从检查学生的着装等安全素养开始，对学生的安全文明进行规范。

对磨床、砂轮机、铣床、台钻、加工中心、线切割机床、电火花机床、钳工的等操作安全、操作规程进行详细讲解示范，并要求学生严格遵守。

【重难点提示】

1）磨床、砂轮机、铣床、台钻、加工中心（数控铣床）、线切割机床、电火花机床、钳工等操作，要严格按照机器安全操作规程进行。

2）进出车间要按照学生实习守则、实训中心管理规定、车间安全操作规程进行规范。

模块2 塑料模具零件设计

【模块任务】

使用 CAD/CAM 软件，可方便、快捷、高效地实现三维零件的实体造型、装配、工程图生成以及数控程序的编写等。利用 CAD/CAM 软件不仅可以精确地创建形状复杂的实体，还能以此实体模型为基础快速生成产品二维工程图，并能在较短的时间内编制出高效、合格的加工程序。

本模块任务要求使用 CAD/CAM 软件（中望 3D 教育软件）对图 2-1 所示面盖塑料制件

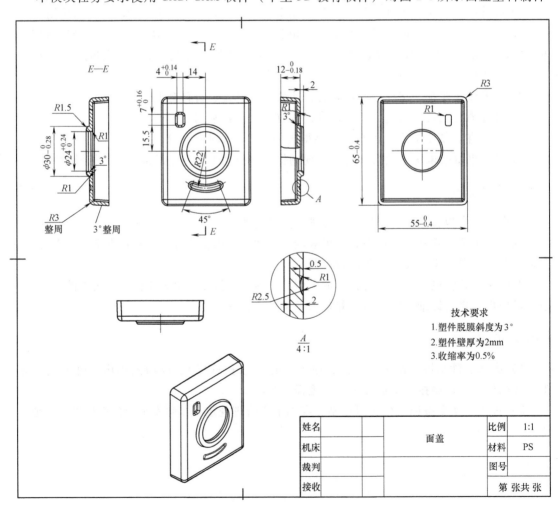

图 2-1 面盖塑料制件

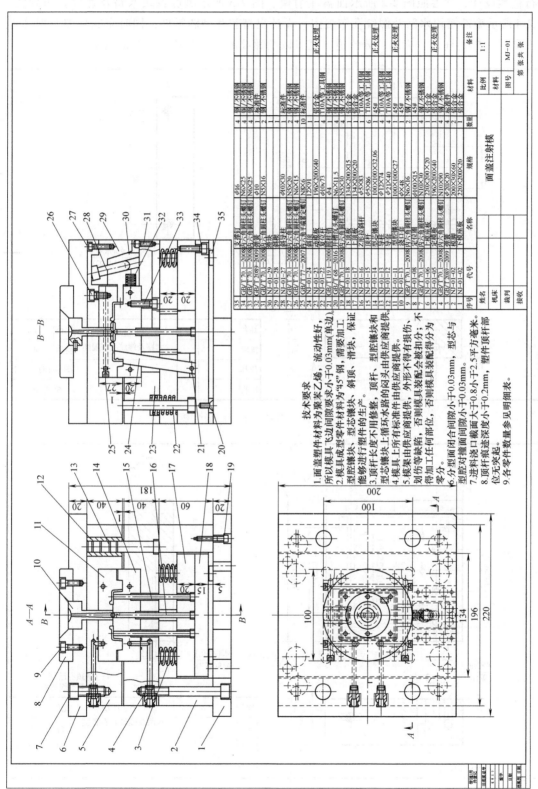

图 2-2 面盖注射模

技术要求

1.面盖塑件材料为聚苯乙烯，流动性好，所以模具飞边间隙要求小于0.03mm(单边)。
2.模具成型零件材料为"45"钢，需要加工型腔镶块、型芯镶块进行塑件的生产。
3.顶杆长度不用修整，顶杆、型芯镶块上循环水路的接头由供应商提供。
4.模具上所有标准件由供应商提供。
5.模架由供应商提供，否则模具装配有缺陷、划伤等零件损伤，外形不得有扣伤；不得加工任何部位，否则模具装配得分为零分。
6.分型面闭合间隙小于0.03mm，型芯与型腔对撞面面间隙小于0.03mm。
7.进料浇口截面大于0.8小于2.5平方毫米。
8.顶杆填速深度小于0.2mm，塑件顶杆部位无突起。
9.各零件数量参见明细表。

面盖注射模 　比例 1:1　图号 MJ-01　第 张 共 张

模块2 塑料模具零件设计

27

进行造型设计，并参照图 2-2 所示面盖注射模、图 2-3 所示型腔镶块水路及螺纹孔布置图、图 2-4 所示型芯镶块水路及螺纹孔布置图，设计出型腔和型芯零件，同时完成型腔及型芯零件上顶杆、拉料杆、主流道、分流道、浇口以及螺纹的设计并达到图样的技术要求。

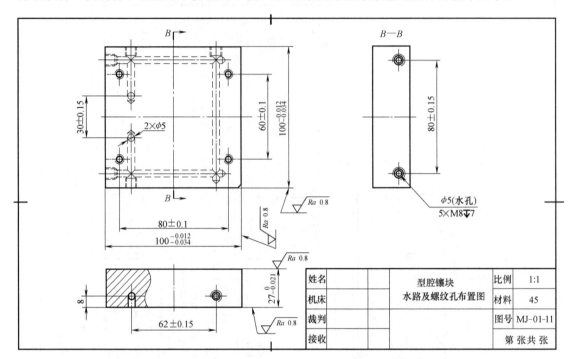

图 2-3　型腔镶块水路及螺纹孔布置图

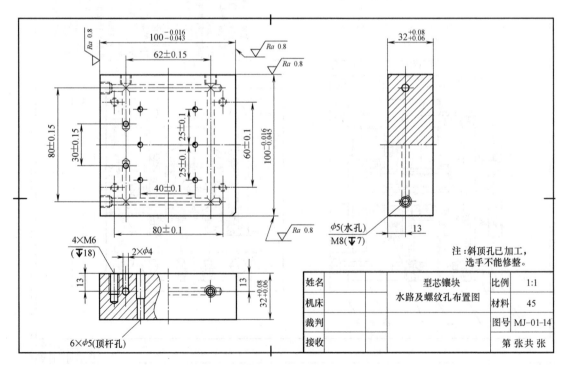

图 2-4　型芯镶块水路及螺纹孔布置图

项目1 塑料产品造型设计

【任务描述】

塑料产品的造型包含了模具设计中的相关成型零件的各个重要尺寸、形状及位置信息。现代化的分模，更是直接以产品造型为基础，通过软件分模命令分出模具的型腔和型芯。因此，将模具设计的第一道工序——塑料产品的造型做好，显得尤为重要。

【工作任务】

完成图 2-1 所示面盖塑料制件的造型设计，并达到相应的技术要求。

【职业素养要求】

◆ 技能素养

1. 掌握 CAD/CAM 设计软件的基本知识。

2. 能够灵活运用中望 3D 教育软件对塑料产品进行设计。

◆ 专业素养

1. 能够按照 7S 标准要求，维护工作现场环境；养成良好的职业道德、安全规范、责任意识和风险意识等。

2. 具有质量意识，兼顾效率观念；增强抗压能力的培养，使学生具备遇事不慌的沉稳的心理素质。

3. 具备良好的沟通协作、参与到集体中解决问题的能力。

4. 培养学生精益求精的职业精神。

【任务分析】

产品外观尺寸为 $65_{-0.4}^{0}$ mm × $55_{-0.4}^{0}$ mm × $12_{-0.18}^{0}$ mm，厚度为 2mm 的壳体。其上包含 $7_{0}^{+0.16}$ mm × $4_{0}^{+0.14}$ mm 的长方形孔，$\phi24_{0}^{+0.24}$ mm 的圆孔及外延 $\phi30_{-0.28}^{0}$ mm 的凸台，中心半径为 $R22$ mm、槽径为 2.5mm、深度为 0.5mm 的浅槽。特征均有几何公差要求，考虑到后续的分模需要，选择中差建模。

建模时可先绘制一矩形，拉伸出 65mm×55mm×12mm 的长方体，拔模、抽壳，然后绘制出包含 $7_{0}^{+0.16}$ mm × $4_{0}^{+0.14}$ mm 的长方形孔，$\phi24_{0}^{+0.24}$ mm 的圆孔及外延 $\phi30_{-0.28}^{0}$ mm 的凸台，中心半径为 $R22$ mm、槽径为 2.5mm、深度为 0.5mm 的浅槽等特征的草图。通过对草图的拉伸对长方体进行切割，最终得到需要的产品图。

【任务指导书】

工艺步骤见表 2-1。

模块 2　塑料模具零件设计

表 2-1　工艺步骤

序号	任务名称	任务内容
1	设计尺寸为 65mm×55mm×12mm 的长方体壳体	1. 以 XY 平面为基准面进入草绘 2. 以坐标原点为中心绘制一个 $65_{-0.4}^{0}$ mm×$55_{-0.4}^{0}$ mm 的矩形，退出草绘 3. 拉伸 $65_{-0.4}^{0}$ mm×$55_{-0.4}^{0}$ mm 的矩形，高度为 12mm 4. 倒角长方体顶面和四周棱边 R3mm 5. 对长方体拔模，拔模角度为 3° 6. 选择长方体底部未开放面，对长方体抽壳，厚度为 3mm
2	设计 $\phi24_{0}^{+0.24}$ mm 圆孔和 $7_{0}^{+0.16}$ mm×$4_{0}^{+0.14}$ mm 长方形孔	1. 以 XY 平面为基准面进入草绘 2. 以坐标原点为圆心草绘 $\phi24_{0}^{+0.24}$ mm 圆 3. 分别在沿 X 轴负方向和 Y 轴正方向，以坐标点(x−14,y15)为基准点草绘一个 $7_{0}^{+0.16}$ mm×$4_{0}^{+0.14}$ mm 长方形，退出草绘 4. 拉伸 $\phi24_{0}^{+0.24}$ mm 圆和 $7_{0}^{+0.16}$ mm×$4_{0}^{+0.14}$ mm 长方形的草绘图形，布尔运算选择减运算，切割出 $\phi24_{0}^{+0.24}$ mm 的圆孔和 $7_{0}^{+0.16}$ mm×$4_{0}^{+0.14}$ mm 的长方形孔
3	$\phi24_{0}^{+0.24}$ mm 圆孔及外延为 $\phi30_{-0.28}^{0}$ mm 凸台	选择［拉伸］命令，单击选择 $\phi24_{0}^{+0.24}$ mm 圆孔顶端的圆；选择减运算、加厚、外部偏移，拉伸出内孔为 $\phi24_{0}^{+0.24}$ mm、外圆为 $\phi30_{-0.28}^{0}$ mm、高度为 3mm 的凸台
4	拔模、倒角	1. 对 $\phi24_{0}^{+0.24}$ mm 圆孔和 $7_{0}^{+0.16}$ mm×$4_{0}^{+0.14}$ mm 长方形孔拔模，拔模角度为 3° 2. $\phi24_{0}^{+0.24}$ mm 圆孔上端倒角 R1.5 3. $\phi30_{-0.28}^{0}$ mm 上端和 $7_{0}^{+0.16}$ mm×$4_{0}^{+0.14}$ mm 长方形孔上端倒角 R1.4 4. 倒角 $\phi24_{0}^{+0.24}$ mm 圆孔底端倒角 R1
5	设计中心半径为 R22mm、槽径为 2.5mm、深度为 0.5mm 的浅槽	1. 选择壳体上表面平面为基准面，进入草绘 2. 以坐标原点为中心草绘 R22mm 的圆，裁剪出关于 Y 轴对称、相对圆心夹角为 45°的弧线 3. 以 YZ 平面为基准面，进入草绘 4. 在 R22mm 的圆弧线中点的正上方靠近中点 2mm 处为圆心绘制 R2.5mm 的圆，退出草绘 5. 以 R22mm 的圆弧线为路径，以 R2.5mm 的圆为轮廓，扫描中心半径为 R22mm、槽径为 2.5mm、深度为 0.5mm 的浅槽的中间部分 6. 用［球体］命令旋转出中心半径为 R22mm、槽径为 2.5mm、深度为 0.5mm 的浅槽的中间部分两端的圆弧部分

【实施步骤】

启动中望中望 3D 2016 软件，新建文件名"MG-3D"，进入建模界面。

1. 设计尺寸为 65mm×55mm×12mm、拔模角为 3°的长方体壳体

（1）插入草图　如图 2-5 所示，选择【插入草图】命令。在【插入草图】对话框中，【平面】：选择 XY 平面，如图 2-6 所示。单击【确定】按钮 后进入草图绘制界面。

选择【矩形】命令，如图 2-7 所示。选择中心，并以坐标原点为中心绘制图 2-8 所示草图，完成后退出草图。

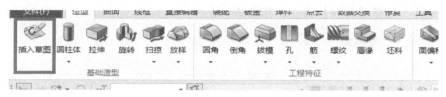

图 2-5 【插入草图】命令

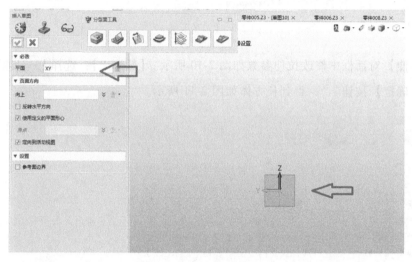

图 2-6 选择 XY 平面

图 2-7 【矩形】命令

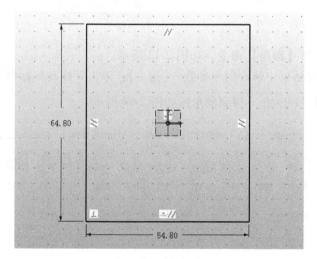

图 2-8 绘制矩形

（2）拉伸 选择【拉伸】命令，如图 2-9 所示。

图 2-9 【拉伸】命令

在【拉伸】对话框中修改拉伸参数如图 2-10 所示。【轮廓 P】：选择上一步的草图。
单击【确定】按钮 ，得到长方体如图 2-11 所示。

图 2-10 选中轮廓

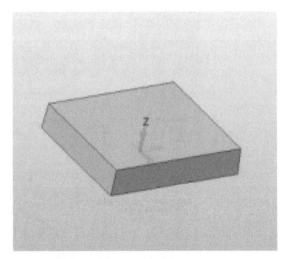

图 2-11 拉伸后的实体

（3）倒角 选择【圆角】命令，如图 2-12 所示。

在图 2-13 所示对话框中修改倒角参数。【边 E】：单击并拖动鼠标框选长方体上半部分，
完成后单击【确定】按钮 ，得到倒角图如图 2-14 所示。

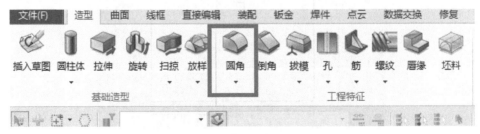

图 2-12 【圆角】命令

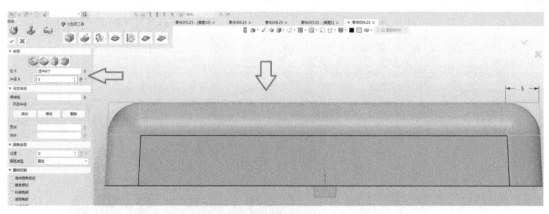

图 2-13　边倒圆角

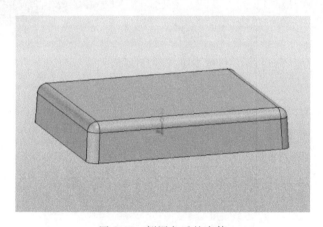

图 2-14　倒圆角后的实体

（4）抽壳　选择【抽壳】命令，如图 2-15 所示。

图 2-15　【抽壳】命令

在图 2-16 所示对话框中，修改抽壳参数。设置【开放面 O】为长方体底面。

单击【确定】按钮，得到壳体如图 2-17 所示。

2. 设计 $\phi 24^{+0.24}_{0}$ mm 圆孔；设计 $7^{+0.16}_{0}$ mm×$4^{+0.14}_{0}$ mm 长方形孔

（1）草绘 $\phi 24^{+0.24}_{0}$ mm 圆　选择【插入草图】命令，如图 2-18 所示。

在图 2-19 所示对话框中修改草绘参数。设置【平面】为长方体顶面。

如图 2-20 所示，选择【圆】命令，以坐标原点为中心，绘制一个半径为 12mm 的圆。

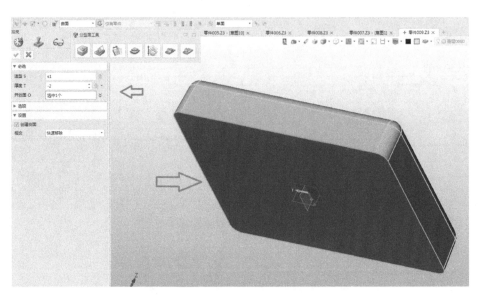

图 2-16　选择开放面

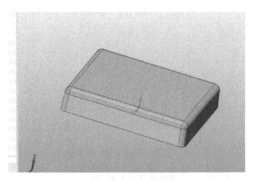

图 2-17　抽壳完成

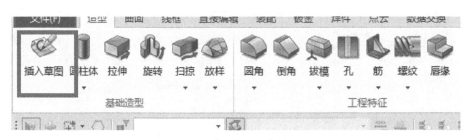

图 2-18　【插入草图】命令

（2）草绘 $7^{+0.16}_{0}$ mm $\times 4^{+0.14}_{0}$ mm 的矩形　选择【矩形】命令，如图 2-21 所示，并在图 2-22 所示的对话框中设置参数。

选择【快速标注】命令对矩形进行约束，如图 2-23 所示。标注参数如图 2-24 所示。

（3）倒角　选择【链状圆角】命令，如图 2-25 所示。在图 2-26 所示对话框中设置参数。【曲线】：框选整个矩形。

单击【确定】按钮，退出草图，结果如图 2-27 所示。

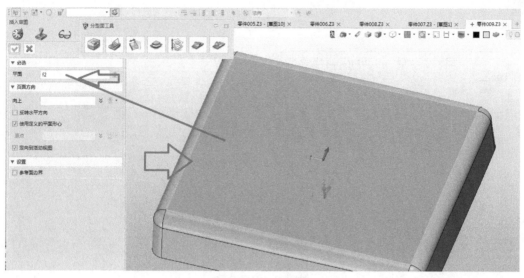

图 2-19　选择基准面

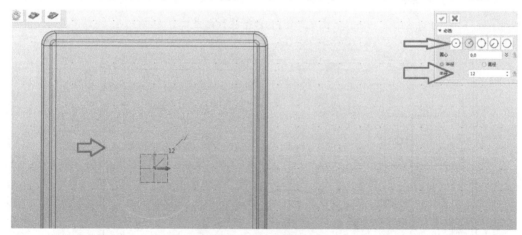

图 2-20　绘制圆形

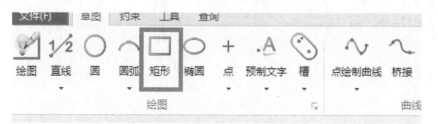

图 2-21　【矩形】命令

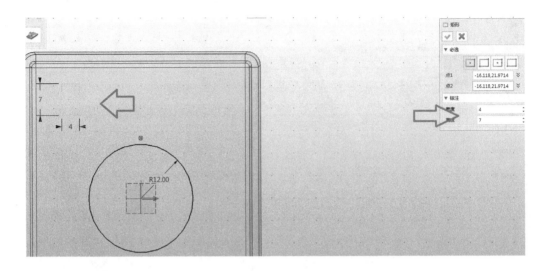

图 2-22　设置参数

图 2-23　【快速标注】命令

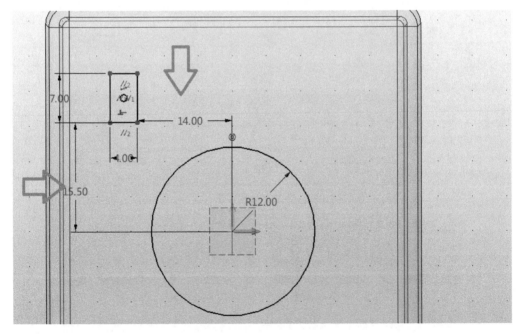

图 2-24　标注参数

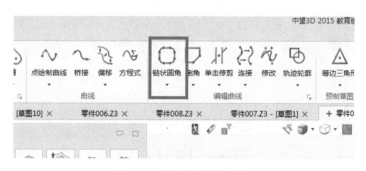

图 2-25　【链状圆角】命令

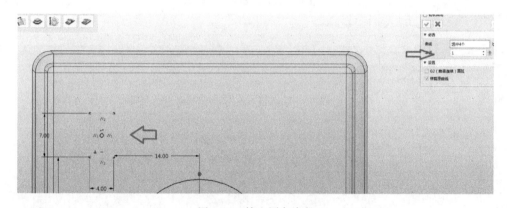

图 2-26　输入圆角半径

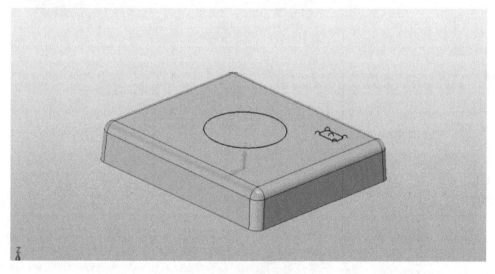

图 2-27　退出草图

（4）拉伸　选择【拉伸】命令，如图 2-28 所示。修改拉伸参数如图 2-29 所示。【轮廓 P】：单击上一步草图；【起始点 S】：单击并拖动轮廓往下拉超过壳体内平面；【终止点 E】：单击并拖动轮廓往上拉超过壳体外平面。

单击【确定】按钮，退出草图，显示效果如图 2-30 所示。

图 2-28 【拉伸】命令

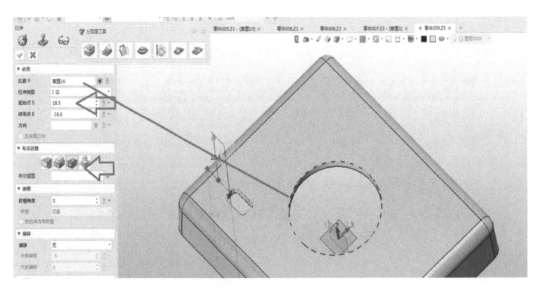

图 2-29 选择减运算

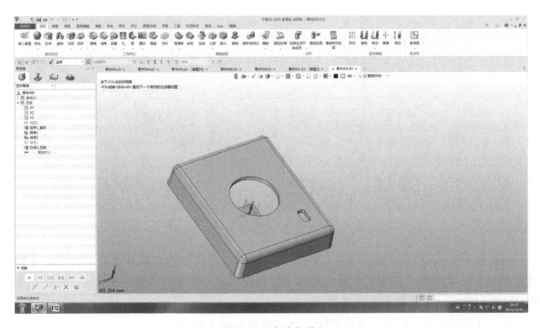

图 2-30 完成拉伸

3. 设计内径为 $\phi24^{+0.24}_{0}$ mm、外径为 $\phi30^{0}_{-0.28}$ mm 的凸台

接下来要将零件凸起的部分拉伸出来（要用一个特殊的命令［偏移］—［加厚］）。选择【拉伸】命令，如图 2-31 所示。

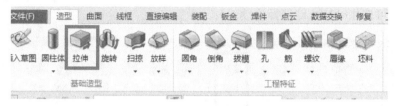

图 2-31 【拉伸】命令

修改拉伸参数如图 2-32 所示。【轮廓 P】：单击选择 $\phi24^{+0.24}_{0}$ mm 圆。

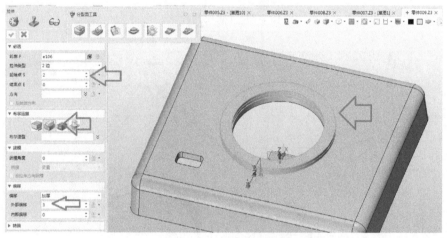

图 2-32 选择加运算加厚

单击【确定】按钮，得到凸台如图 2-33 所示。

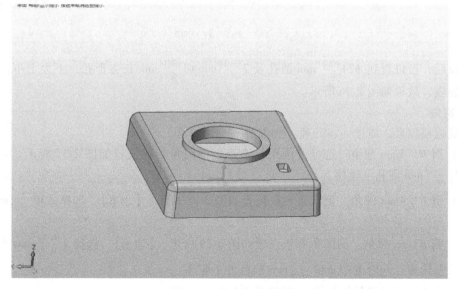

图 2-33 凸台拉伸完成

模块 2　塑料模具零件设计

4. 拔模 $\phi 24^{+0.24}_{0}$ mm 圆孔及 $7^{+0.16}_{0}$ mm×$4^{+0.14}_{0}$ mm 长方形孔

为了模具更好的脱模，需要对上一步特征进行拔模。选择【拔模】命令如图 2-34 所示。拔模参数设置如图 2-35 所示。【拔模体】：选择 $\phi 24^{+0.24}_{0}$ mm 圆孔及 $7^{+0.16}_{0}$ mm×$4^{+0.14}_{0}$ mm 长方形孔内轮廓（可按住<Shift>键选择连续线）。

图 2-34　【拔模】命令

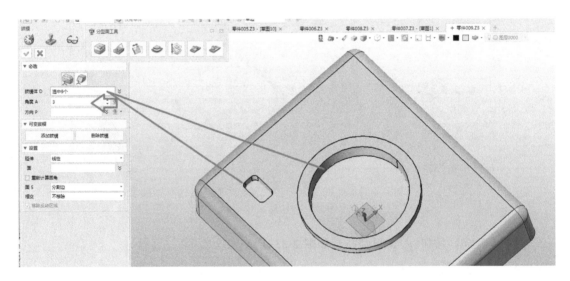

图 2-35　选择边与角度

拔模后，可以看到 $\phi 24^{+0.24}_{0}$ mm 圆孔及 $7^{+0.16}_{0}$ mm×$4^{+0.14}_{0}$ mm 长方形孔，下大上小，便于以后模具脱模，效果如图 2-36 所示。

5. 倒角

完成拔模以后，需进一步处理一些细节——倒圆角。

（1）倒 $R1.5$ mm 圆角　选择【圆角】命令。倒圆角参数设置如图 2-37 所示。【边 E】：选择 $\phi 24^{+0.24}_{0}$ mm 圆孔上轮廓。

（2）倒 $R1.4$ mm 圆角　倒圆角参数设置如图 2-38 所示。【边 E】：选择 $\phi 30^{0}_{-0.28}$ mm 凸台上轮廓。

（3）倒 $R1$ mm 圆角　倒圆角参数设置如图 2-39 所示。【边 E】：选择 $7^{+0.16}_{0}$ mm×$4^{+0.14}_{0}$ mm 长方形孔上轮廓，同时选中 $\phi 30^{0}_{-0.28}$ mm 凸台外下轮廓。

倒角后的三维造型效果如图 2-40 所示。

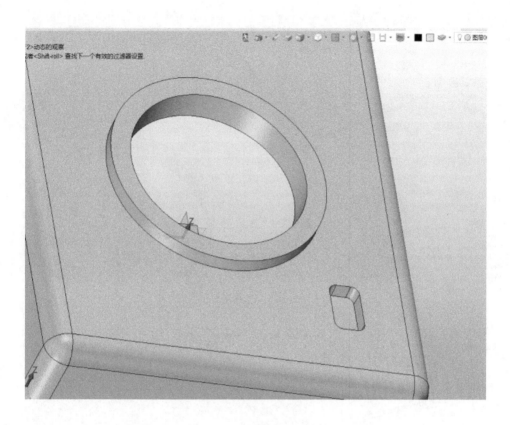

图 2-36　拔模完成

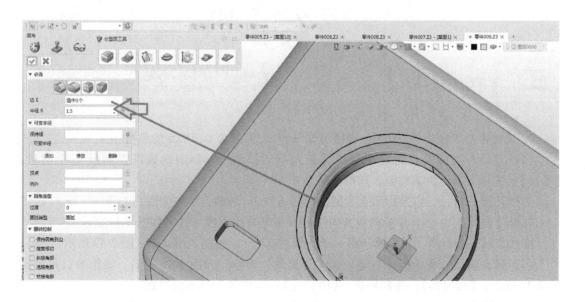

图 2-37　选择圆形特征

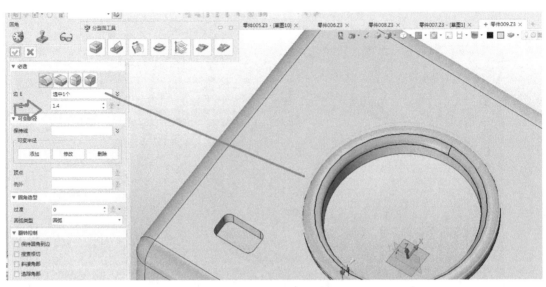

图 2-38　选择半径

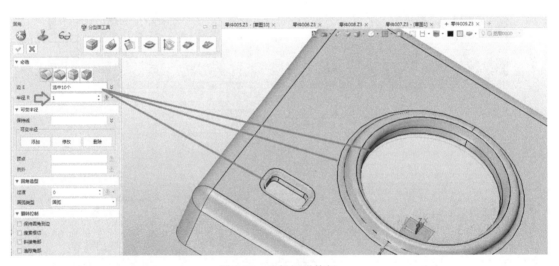

图 2-39　选择矩形特征

6. 设计中心半径为 *R*22mm、槽径为 2.5mm、深度为 0.5mm 的浅槽

（1）草绘扫描的路径轮廓　选择【插入草图】命令，草图参数设置如图 2-41 所示。【平面】：选择上平面为基准面。效果如图 2-42 所示。

选择【圆】命令，以坐标原点为圆心绘制 *R*22mm 的圆，结果如图 2-43 所示。

选择【直线】命令，沿 Y 轴负方向绘制一条竖直的直线，效果如图 2-44 所示。

继续绘制一条斜线，约束其与第一条直线成 22.5°。过程如图 2-45～图 2-47 所示。

（2）镜像斜线　单击鼠标右键，选择【镜像】命令，如图 2-48 所示。镜像参数设置如图 2-49 所示。【几何体】：选择斜线；【中心线】：选择 Y 轴负方向直线。

将直线转换成构造线。依次选中三条直线，单击鼠标右键，选择【切换类型】命令，如图 2-50 所示。单击【确定】按钮，效果如图 2-51 所示。

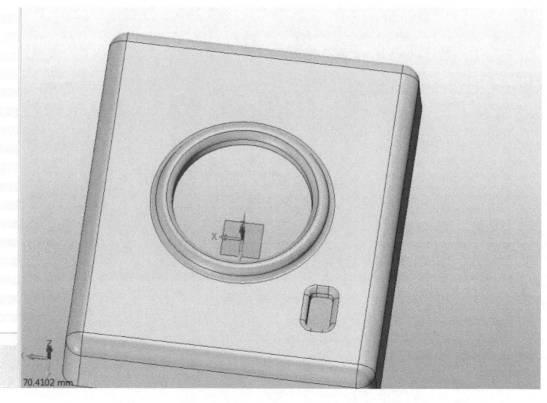

图 2-40　完成倒圆角

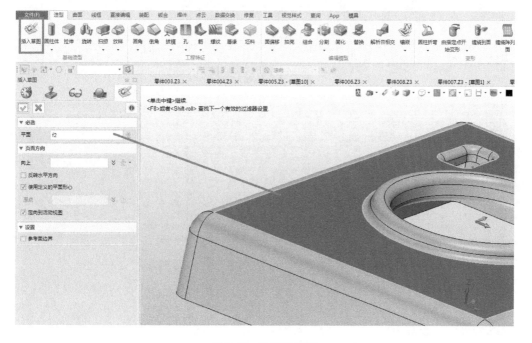

图 2-41　选择基准面

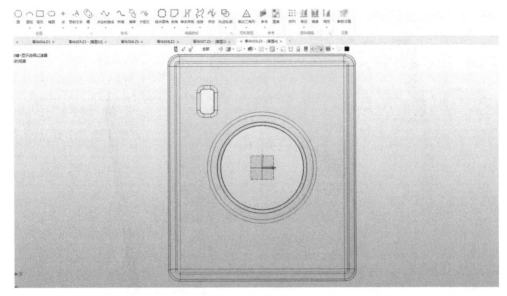

图 2-42　插入草图

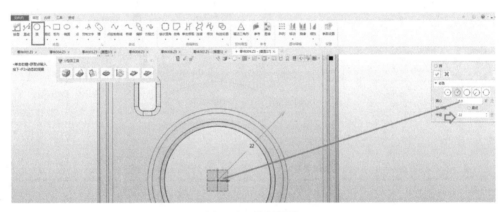

图 2-43　绘制圆形

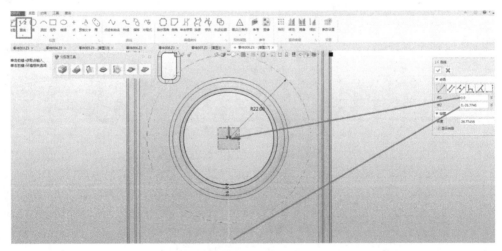

图 2-44　绘制直线

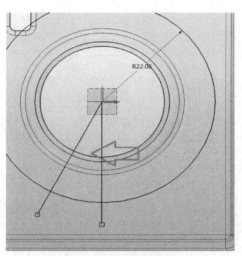

图 2-45　绘制辅助线

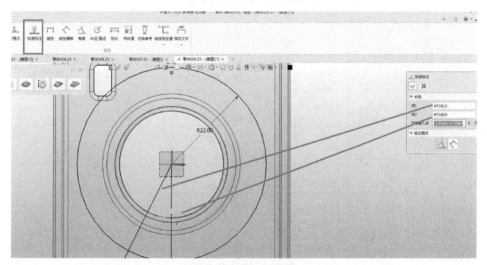

图 2-46　单击标注

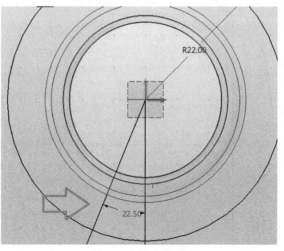

图 2-47　输入角度

模块 2　塑料模具零件设计

45

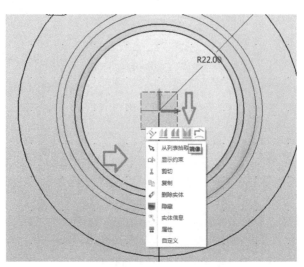

图 2-48 【镜像】命令

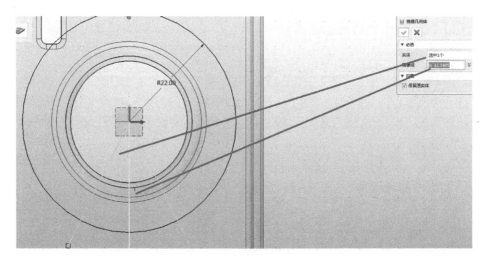

图 2-49 镜像辅助线

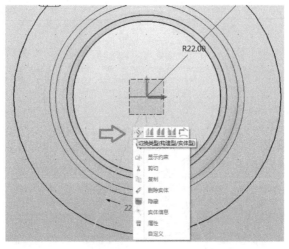

图 2-50 将辅助线隐藏

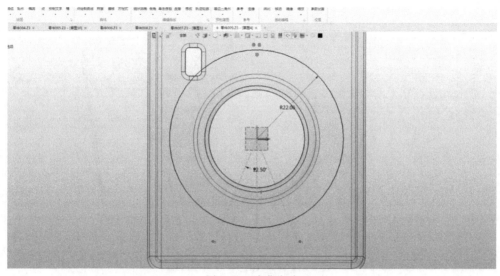

图 2-51　隐藏完成

选择【单击修剪】命令，单击圆和直线不需要的部分，将其修剪掉，如图 2-52 所示。修剪后的草图效果如图 2-53 所示。

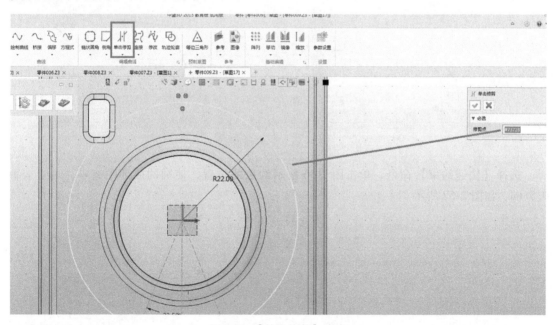

图 2-52　【单击修剪】命令

单击【退出草图】按钮 ✖，可看到 R22mm 的圆弧线段，如图 2-54 所示。

（3）绘制扫描轮廓　选择【插入草图】命令。设置草图参数，【几何体】：选择坐标平面 YZ 平面为基准面。

选择【圆】命令，把光标放在 R22mm 的圆弧线段中点与坐标平面 YZ 平面的交点，错开交点，以 R22mm 的圆弧线段中点的正上方靠近中点大概 2mm 处为圆心绘制 R2.5mm 圆。如图 2-55 所示。

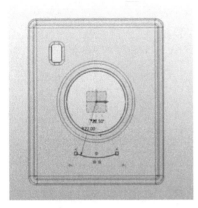

图 2-53　修剪辅助线

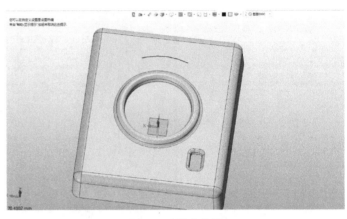

图 2-54　退出草图

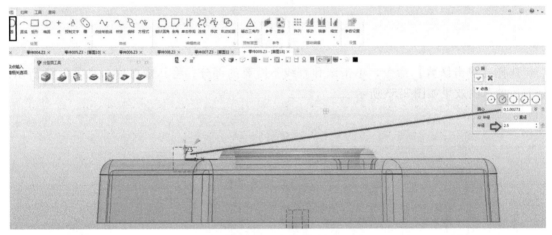

图 2-55　绘制圆形

选择【快速约束】命令，单击图 2-56 所示约束的位置，使圆的底部距离零件的上表面0.5mm，如图 2-57 所示。

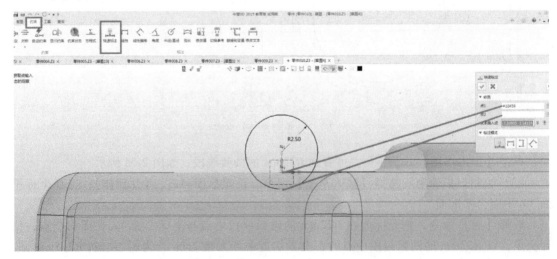

图 2-56　标注半径

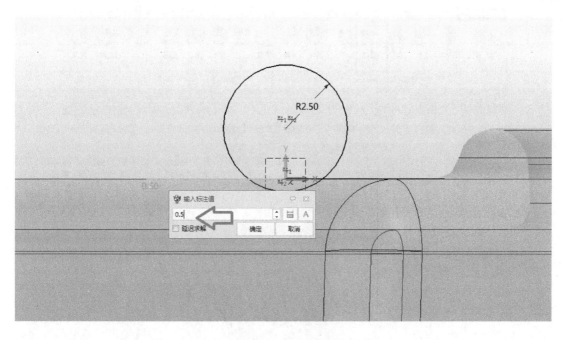

图 2-57　标注底面尺寸

单击【退出草图】按钮 ✖，效果如图 2-58 所示。

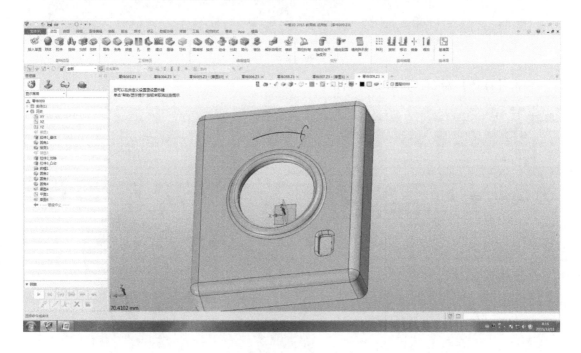

图 2-58　退出草图

选择【扫掠】命令，如图 2-59 所示。设置扫掠参数。【轮廓 P1】：选择 $R2.5$ mm 圆；【路径 P2】：选择 $R22$ mm 圆弧线段，如图 2-60 所示。

图 2-59 选择【扫掠】命令

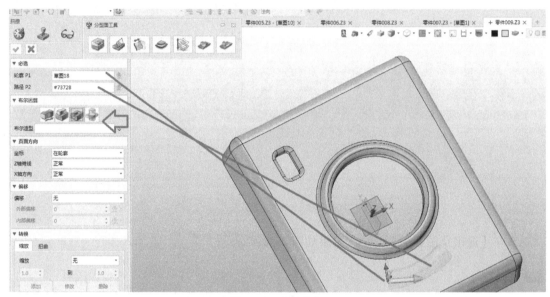

图 2-60 选择轮廓

单击【球体】命令，如图 2-61 所示。

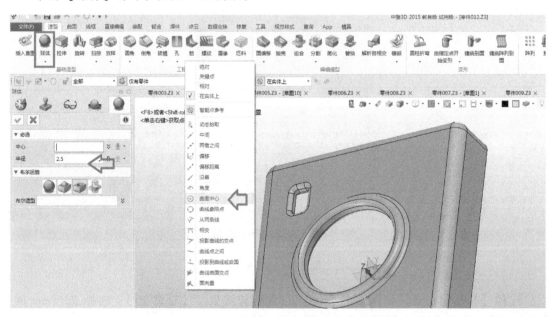

图 2-61 选择【球体】命令

设置球体参数如图 2-62 所示。【中心】：单击鼠标右键，选择【曲率中心】命令，然后单击选中 $R22mm$ 浅槽左端的 $R2.5mm$ 圆的弧线。

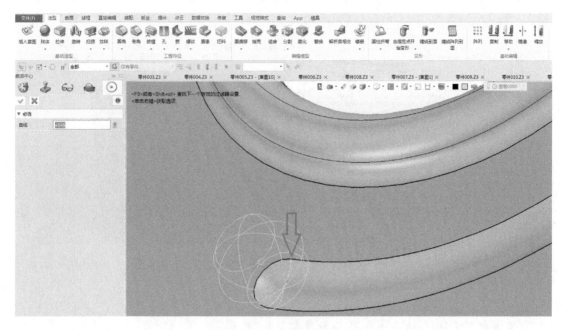

图 2-62　选择位置

单击【确定】按钮 ，效果如图 2-63 所示。

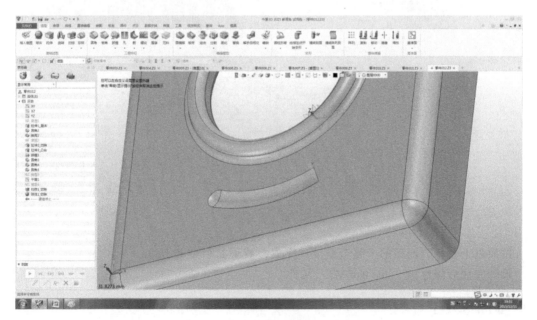

图 2-63　绘制另一半

同理，把 $R22mm$ 浅槽右端的 $R2.5mm$ 圆的弧线，做成弧形浅槽，如图 2-64 和图 2-65 所示。

模块 2　塑料模具零件设计

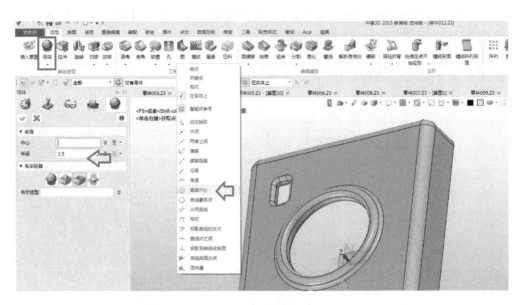

图 2-64　选择【曲率中心】命令

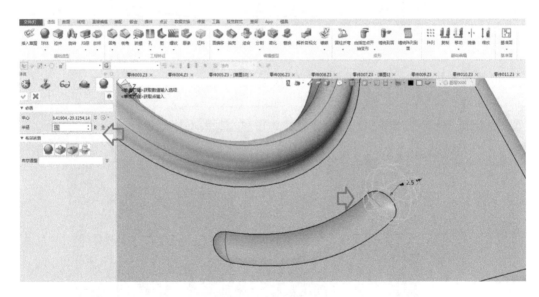

图 2-65　单击轮廓

按照以上步骤，面盖的产品造型设计完成，效果如图 2-66 所示。

设计完成后保存为"miangai. Z3"文件。

【重难点提示】

1）为了保证塑件在成型后成型尺寸在公差要求范围内，在面盖塑料制件的造型设计过程中尽量采用中差建模。

2）在对 $65_{-0.4}^{0}$ mm×$55_{-0.4}^{0}$ mm 长方体抽壳时，要注意观察抽壳后壁厚是外加厚还是内加

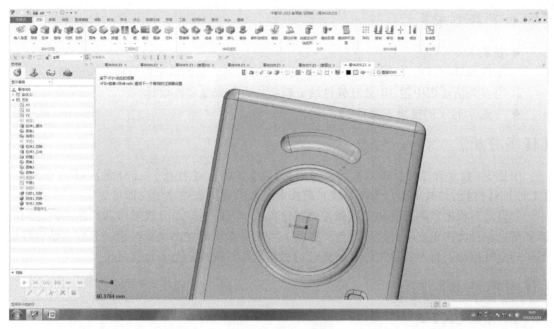

图 2-66　绘制效果

厚，保证正确；在对 $\phi24^{+0.24}_{0}$ mm 圆孔和 $7^{+0.16}_{0}$ mm×$4^{+0.14}_{0}$ mm 长方形孔拔模时，要注意观察拔模方向，确定选择正确。

3）建模时要根据设计之前的任务要求，分析出产品结构，按照最简洁的设计思路进行，即先绘制一个矩形，拉伸出 65mm×55mm×12mm 的长方体，拔模、抽壳，然后绘制出 $7^{+0.16}_{0}$ mm×$4^{+0.14}_{0}$ mm 长方形孔，$\phi24^{+0.24}_{0}$ mm 圆孔及外延为 $\phi30^{0}_{-0.28}$ mm 凸台，中心半径为 R22mm 槽径为 2.5mm，深度为 0.5mm 的浅槽等特征的草图，最后通过对草图的拉伸对长方体壳体进行切割，得到需要的产品图。

项目 2　模具成型零件设计

【任务描述】

塑料产品的造型设计之后，按照现代模具制造技术的流程，要对产品的造型进行处理，然后根据处理后的产品造型，通过 CAD/CAM 设计软件，把相应的产品的成型零件设计出来。型芯零件和型腔零件是产品的成型零件中必不可少的组成部分。在产品的分模中，首先分出的一般是型芯零件和型腔零件。

【工作任务】

参照图 2-1 所示面盖塑料制件、图 2-2 所示面盖注射模、图 2-3 所示型腔镶块水路及螺纹孔布置图、图 2-4 所示型芯镶块水路及螺纹孔布置图，以模块 2 项目 1 已完成的面盖塑料制件的造型为基础，完模具的成型零件设计，即分模，分出型芯零件和型腔零件，并达到相应的技术要求。

【职业素养要求】

◆ 技能素养

1. 掌握 CAD/CAM 设计软件的基本知识，会对模具产品的造型做分模前预处理。

2. 能够灵活运用中望 3D 教育软件的分模模块进行成型零件设计。

◆ 专业素养（同模块 2 项目 1）

【任务分析】

中望 3D 教育软件的分模流程为：【缩水】→【区域】→【补孔】→【分离】→【分型面】→【工件】→【拆模】，共 7 步，传统分模只需按照一般分模流程顺序做完即可。

分模之后根据实际需要和工况条件做精定位或排气。本产品分模后考虑产品的内外同心需要精定位且为四角定位，上下避空；排气，考虑分型面可在抛光后试模时分型面贴合程度不影响空气排除，暂不做排气。在试模后可根据实际情况决定是否加排气。

【任务指导书】

工艺步骤见表 2-2。

表 2-2 工艺步骤

序号	任务名称	任务内容
1	导入零件图样	导入模块 2 项目 1 设计完成的产品零件造型图
2	分模	1. 缩水 2. 区域 3. 补孔 4. 分离 5. 分型面 6. 工件 7. 拆模
3	设计精定位	1. 隐藏型腔 2. 在型芯上设计精定位 (1) 插入草图 (2) 在型芯的左上角绘制一个 12mm×2mm 的矩形 (3) 拉伸矩形 (4) 对精定位倒圆角 $R6mm$ (5) 对精定位拔模 3° (6) 阵列四个角的精定位 3. 在型腔上设计精定位 (1) 用型芯精定位,组合出型腔精定位 (2) 转换实体可见性,查看组合情况,并显示型腔 (3) 面偏移型腔精定位顶面 (4) 把四个型腔精定位的 $R6mm$ 圆角改成 $R5.5mm$

【实施步骤】

1. 导入零件图样

导入模块 2 项目 1 设计完成的产品零件造型图 "miangai. Z3"。

2. 缩水

所有的塑料零件都有一个热胀冷缩的特性，为了减小塑料这一特性对制件尺寸的影响，在产品三维造型设计好之后，首先需要将成型零件进行缩水。

选择【模具】→【缩水】命令，如图 2-67 所示。缩水实体参数设置如图 2-67 所示。【实体】：选择产品造型。

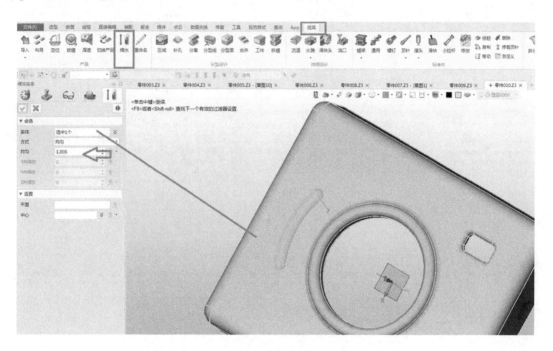

图 2-67　选择【缩水】命令

3. 区域计算

区域计算目的是计算并划分出型腔和型芯部分。

1）选择【模具】→【区域】命令，如图 2-68a 所示。型芯/型腔区域定义参数设置如图 2-68a 所示。

2）单击【设置】中的【计算】按钮（图 2-68a），在弹出的【必选】菜单中，设置【造型】：选择产品造型，如图 2-68b 所示。

3）单击【确定】按钮，在弹出的【设置】菜单中，显示【型腔数量】：40；【型芯数量】：29；【未定义面】：1。勾选【未知面】复选框，单击【面】中的【设置为型腔】按钮（通过观察把未知面的位置，把未知面设置到型腔中方便分模），如图 2-68c 所示。

4）单击【确定】按钮得到造型图，如图 2-69 所示。

4. 补孔（即将产品特征上存在的孔洞缝补完整）

选择【模具】→【补孔】命令，如图 2-70 所示。模具补孔参数设置如图 2-70 所示。【造型】：选择红线所连接的造型图。

单击【确定】按钮，补孔效果如图 2-71 所示。

模块 2　塑料模具零件设计

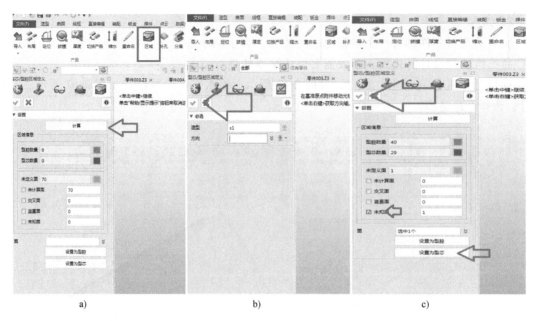

a)   b)   c)

图 2-68 选择【区域】命令

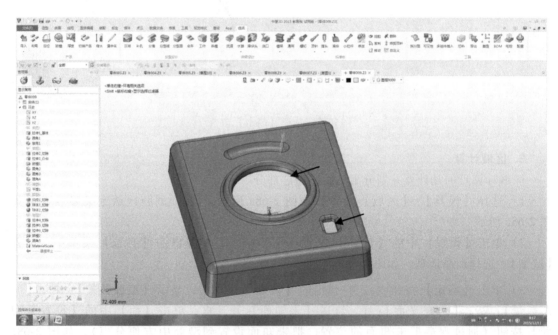

图 2-69 计算完成

5. 分离（将零件分成型腔和型芯面的划分为两部分）

选择【模具】→【分离】命令，如图 2-72 所示。分离型芯/型腔参数设置如图 2-72 所示。【造型】：选择红线所指的造型。

单击【确定】按钮 ![按钮]，显示图 2-73 所示提示框。单击【继续】按钮，效果如图 2-74 所示。

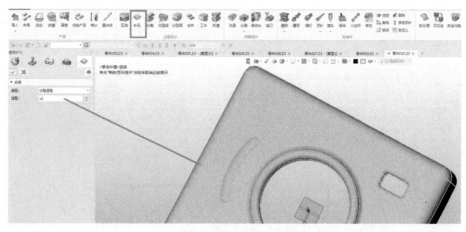

图 2-70 【补孔】命令

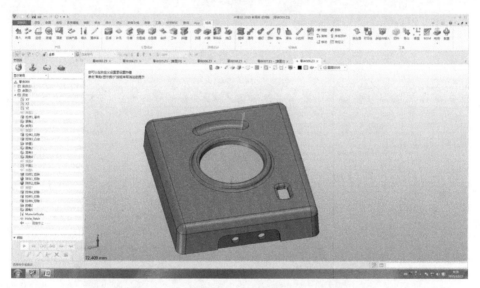

图 2-71 补孔完成

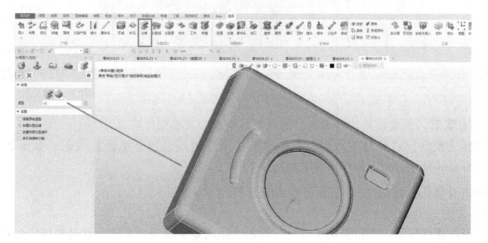

图 2-72 【分离】命令

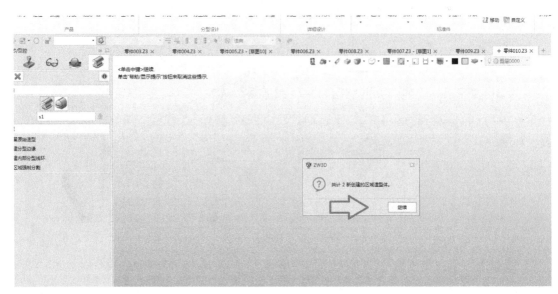

图 2-73　单击【继续】按钮

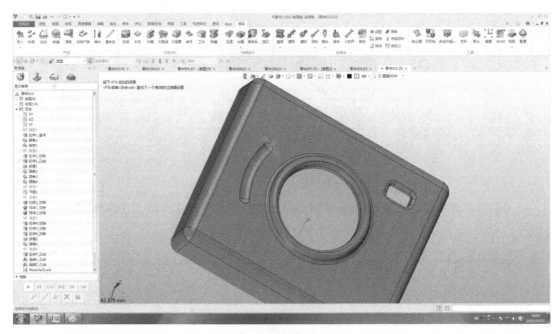

图 2-74　分离完成

6. 分型面（创建模具的分型面目的是以分型面为基准创建模具）

选择【模具】→【分型面】命令，并单击【从分型线创建分型面】按钮，如图 2-75 所示。从分型线创建分型面的参数设置如图 2-76 所示。

单击【确定】按钮 得到分型面如图 2-77 所示。

7. 工件

分型面建好以后，需要添加工件。工件的大小决定了镶块的大小。此处根据实际测量模架的模框的尺寸，得到型芯和型腔工件尺寸为 100mm×100mm×44mm。

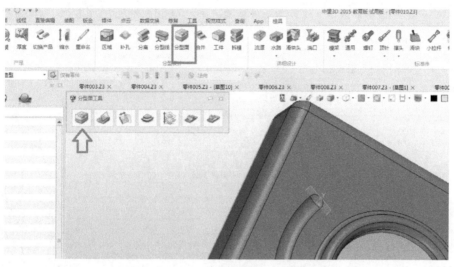

图 2-75 【分型面】命令

图 2-76 确认设置

选择【模具】→【工件】命令，如图 2-78 所示。创建工件参数设置如图 2-78 所示。

8. 拆模

工件设置好后，要将其分为型芯镶块和型腔镶块两部分。选择【模具】→【拆模】命令，如图 2-79 所示。

模块 2 塑料模具零件设计

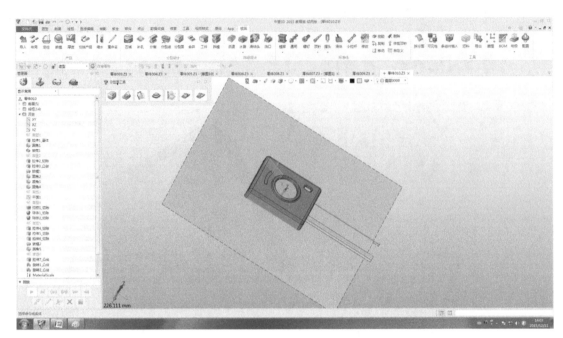

图 2-77 绘制出分型面

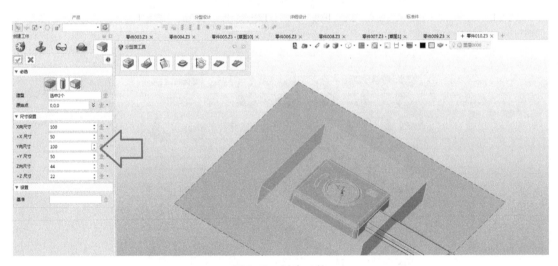

图 2-78 创建工件

设置修剪模板到型芯/型腔和分型面参数。【工件】：单击图 2-79 所示黄色工件；【分型】：单击并拖动鼠标框选整个模型和分型面，图 2-80 所示蓝色线框、图 2-81 所示颜色变黄。

单击【确定】按钮，得到分型后的成型零件如图 2-82 所示。

9. 设计精定位

（1）隐藏型腔　选择【隐藏】命令，设置隐藏参数，如图 2-83 所示。【实体】：选择型腔模型，即将型腔隐藏。

单击【确定】按钮，得到型芯模型如图 2-84 所示。

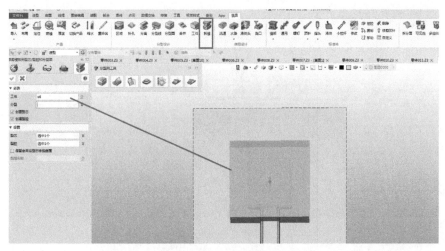

图 2-79　选择分型面

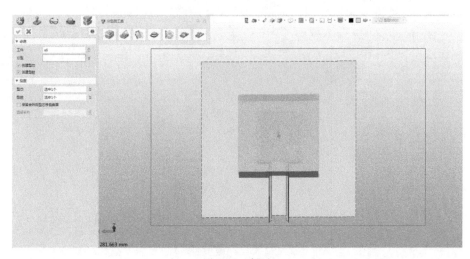

图 2-80　框选

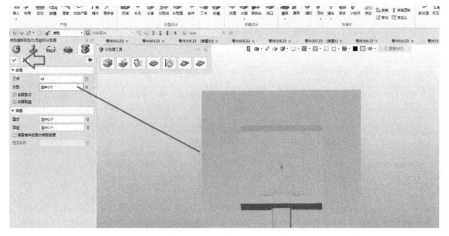

图 2-81　单击【确定】按钮

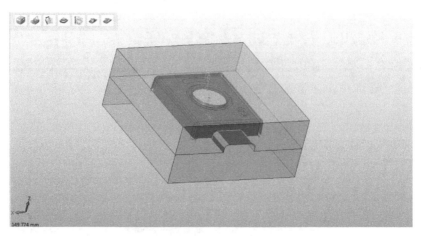

图 2-82　分模完成

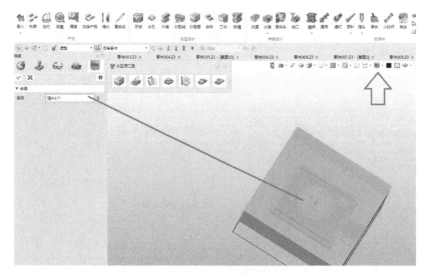

图 2-83　隐藏型腔

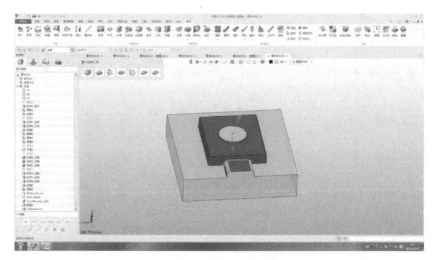

图 2-84　显示型芯

（2）在型芯上设计精定位

1）插入草图。选择【插入草图】命令，如图 2-85 所示。

设置插入草图参数。【平面】：选择图 2-85 所示直线指向的平面，即黄色面。

单击【确定】按钮 ，效果如图 2-86 所示。

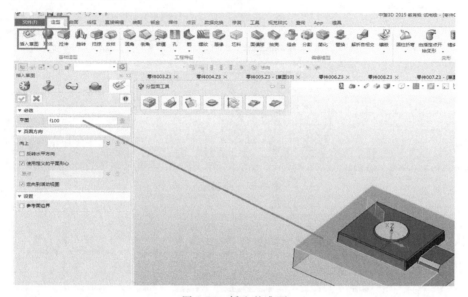

图 2-85　插入基准面

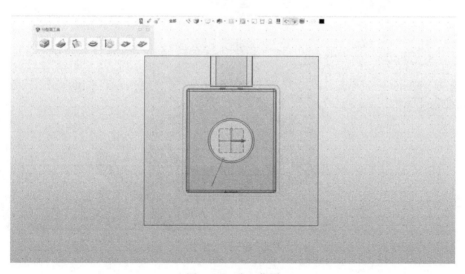

图 2-86　进入草图

2）在型芯的左上角绘制一个 12mm×2mm 的矩形。选择【矩形】命令，如图 2-87 左上矩形框所示。设置矩形参数，如图 2-87 所示。

单击【退出草图】按钮 。

3）拉伸。选择【造型】→【拉伸】命令，如图 2-88 所示。设置拉伸参数如图 2-88 所示。【轮廓 P】：选择上一步（直线所指）草图。

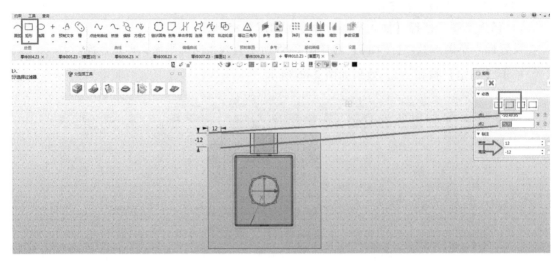

图 2-87　绘制矩形

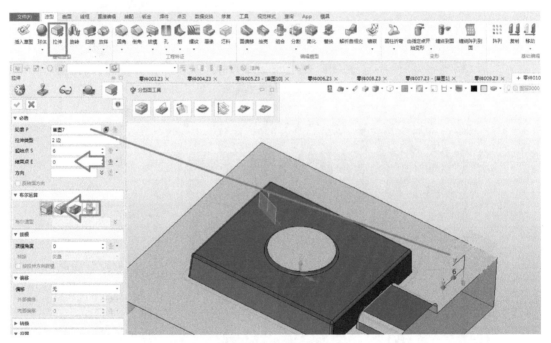

图 2-88　拉伸实体

单击【确定】按钮，效果如图 2-89 所示。

4）倒圆角。选择【造型】→【圆角】命令，如图 2-90 所示。设置圆角参数如图 2-90 所示。【边 E】：选择直线所指边线。单击【确定】按钮。

5）拔模。为了让型芯和型腔更好地结合在一起，须进行拔模。选择【造型】→【拔模】命令，如图 2-91 所示。设置拔模参数如图 2-91 所示。【拔模体 D】：选择直线所指黄色边线。单击【确定】按钮。

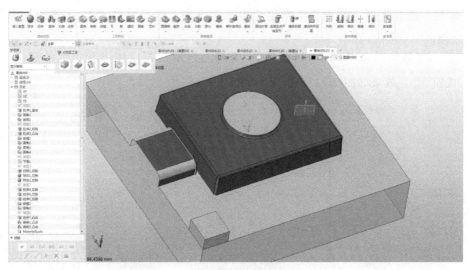

图 2-89　拉伸完成

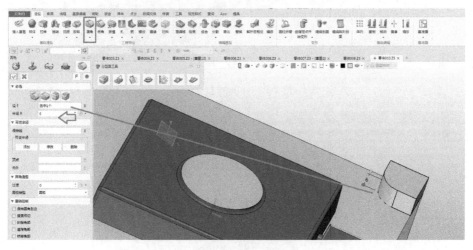

图 2-90　倒圆角

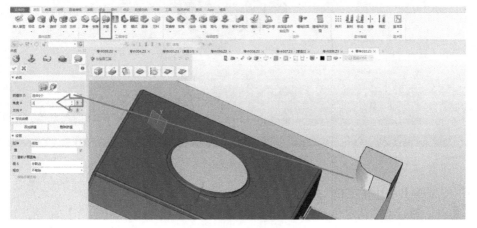

图 2-91　拔模

6）阵列。通过阵列将其他三个精定位也显示出来。选择【造型】→【阵列】命令，如图 2-92 所示。

设置阵列参数如图 2-92 所示。【基体】：选择直线所指拔模体（变黄色的部位）。单击【确定】按钮，效果如图 2-93 所示。

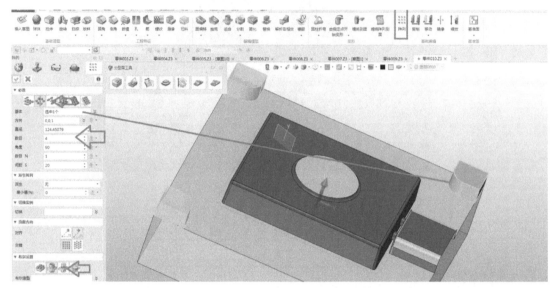

图 2-92　【阵列】命令

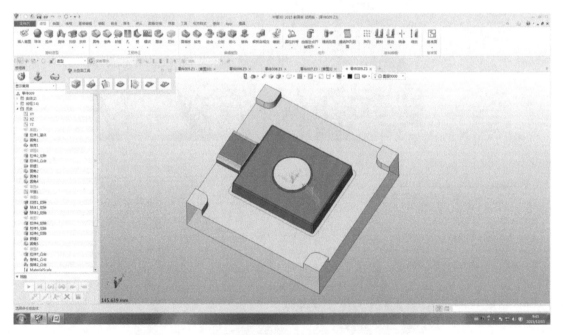

图 2-93　阵列完成

（3）在型腔上设计精定位

1）组合。通过型芯精定位，组合出型腔精定位。选择【造型】→【组合】命令，如图 2-94 所示。

设置组合参数如图 2-94 所示。【基体】：选择型腔零件；【合并体】：选择型芯零件和四个精定位。单击【确定】按钮 。

2）转换实体可见性。选择【隐藏】命令，如图 2-95 所示。设置隐藏参数如图 2-96 所

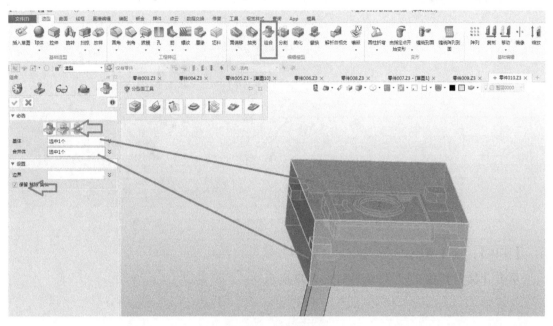

图 2-94　组合精定位

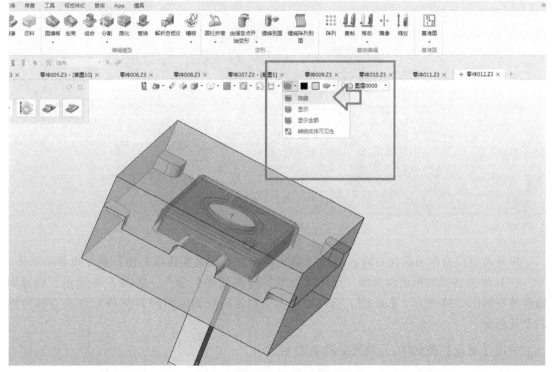

图 2-95　【隐藏】命令

模块 2　塑料模具零件设计

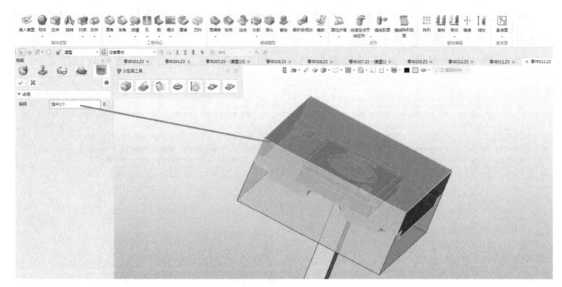

图 2-96　隐藏型腔

示。【实体】：选择型腔。

单击【确定】按钮，效果如图 2-97 所示。

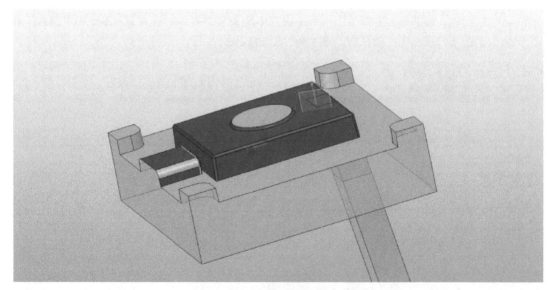

图 2-97　显示型芯

在界面空白处单击鼠标右键，选择【隐藏实体】→【转换实体可见性】命令可显示实体。

（4）面偏移型腔精定位顶面　选择【造型】→【面偏移】命令，如图 2-98 所示。设置面偏移参数如图 2-98 所示。【面 F】：选择型腔四个精定位底面，如图 2-98 所示四条直线所指四个黄色面。

单击【确定】按钮，效果如图 2-99 所示。

（5）把四个型腔精定位的 $R6\text{mm}$ 圆角改成 $R5.5\text{mm}$（图 2-100、图 2-101）

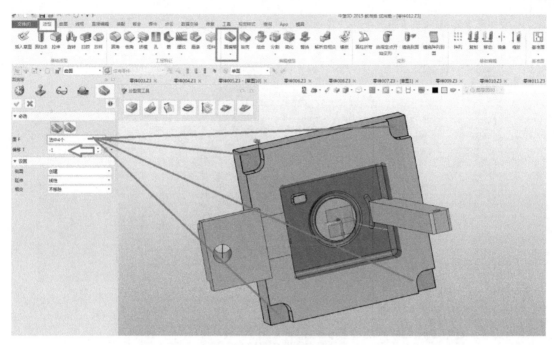

图 2-98　面偏移

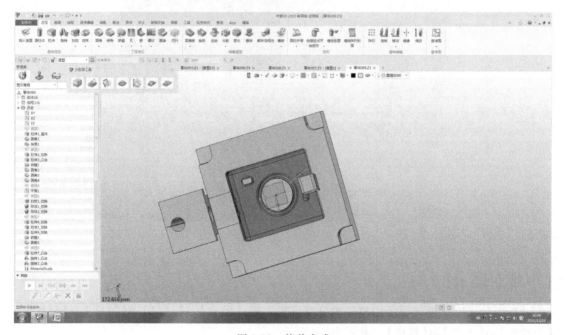

图 2-99　偏移完成

10. 分模完成

按照以上步骤操作完毕，完成整个零件的型芯和型腔分模。完成后另存为"fenmo.Z3"文件。

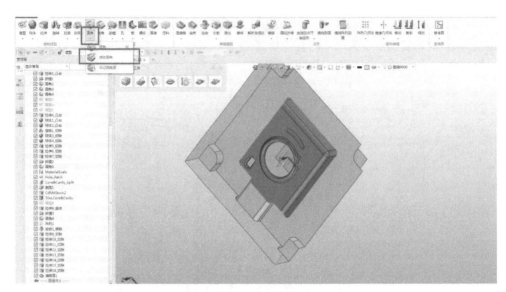

图 2-100　修改圆角

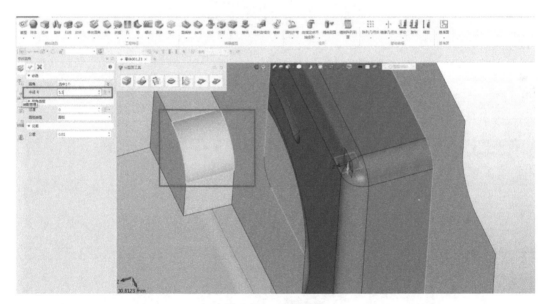

图 2-101　选择圆角

【重难点提示】

1）在分模时要理清所使用软件的分模流程，即【缩水】→【区域】→【补孔】→【分离】→【分型面】→【工件】→【拆模】，共七步。

2）在设计精定位时，要确定好拔模角度以及精定位非定位面的避空。在设计拔模角度时，拔模角尽量与零件的拔模角一致。

3）在区域计算时，要明确未定义交叉面数量，仔细分析未知面的位置，然后考虑把未知面设置到型腔还是型芯中能更好地分模。

项目 3 水路、顶出、浇注系统设计

【任务描述】

为了方便模具 3 成型零件的安装、注射机对模具的顺利注射以及注射机打出的制件的外形尺寸稳定，模具在型芯镶块、型腔镶块等成型零件设计好后，还需要进一步对成型零件，尤其是型芯镶块和型腔镶块进行水路系统、连接系统、顶出系统和浇注系统的设计，来保证模具功能的完整性。

【工作任务】

参照图 2-1 所示面盖塑料制件、图 2-2 所示面盖注射模、图 2-3 所示型腔镶块水路及螺纹孔布置图、图 2-4 型芯镶块水路及螺纹孔布置图，以模块 2 项目 2 已完成的面盖模具型腔、型芯成型零件为基础，完成型腔和型芯成型零件的水路系统、连接系统、顶出系统和浇注系统的设计。

【职业素养要求】

◆技能素养

1. 具备使用 CAD/CAM 设计软件的基本知识。

2. 了解并掌握成型零件的水路系统、连接系统、顶出系统和浇注系统的设计思路。

3. 能够灵活运用中望 3D 教育软件对模具的成型零件如型芯镶块、型腔镶块进行水路系统、连接系统、顶出系统和浇注系统的设计，并达到相应的技术要求。

◆专业素养（同模块 2 项目 1）

【任务分析】

首先确定型腔和型芯成型零件的水路系统、连接系统、顶出系统和浇注系统设计的合理顺序为：水路系统—顶出系统—连接系统—浇注系统。

水路系统、连接系统、顶出系统和浇注系统，有很多特征是关于轴对称的，设计它们的草图时，合理利用【镜像】命令，可提高设计效率。

【任务指导书】

工艺步骤见表 2-3。

表 2-3　工艺步骤

序号	任务名称	任务内容
1	导入成型零件模型	导入模块 2 项目 2 设计完成的产品零件造型图
2	设计水路系统	1. 设计定位尺寸为 80mm±0.15mm、62mm±0.15mm、30mm±0.15mm 的水路定位点 2. 约束水路定位点尺寸 3. 通过水路定位点，使用【孔】命令生成 φ5mm 水路及 M8 水路螺纹孔

（续）

序号	任务名称	任务内容
3	设计顶出系统	1. 顶出系统设计 （1）设计定位尺寸为 25mm±0.1mm、40mm±0.1mm 的六个顶杆定位点 （2）约束顶杆定位点尺寸 （3）通过顶杆定位点，使用【孔】命令生 ϕ5mm 顶杆孔和 ϕ6mm 顶杆沉孔 2. 拉料杆设计 （1）设计定位尺寸在型芯中心拉料杆定位点 （2）约束拉料杆定位点尺寸 （3）通过拉料杆定位点，使用【孔】命令生型芯 ϕ5mm 拉料杆孔
4	设计连接系统	1. 设计螺钉定位尺寸为 80±0.1mm 的四个定位点 2. 约束螺钉定位点尺寸 3. 通过螺钉定位点，使用【孔】命令生成 M6 螺纹杆孔
5	设计浇注系统	1. 使用圆柱命令拉伸出型腔中心 ϕ12mm 浇口套孔 2. 草绘浇口套草图并约束尺寸 3. 通过浇口套草图生成浇口套

【实施步骤】

1. 导入文件

导入模块 2 项目 2 设计完成的成型零件"fenmo.Z3"文件。

2. 冷却水路系统设计

（1）设计成型零件定位尺寸为 80mm±0.15mm 的水路定位点 选择【视图栏】→【右视图】命令，如图 2-102 所示。选择【草图】命令，如图 2-103 所示。

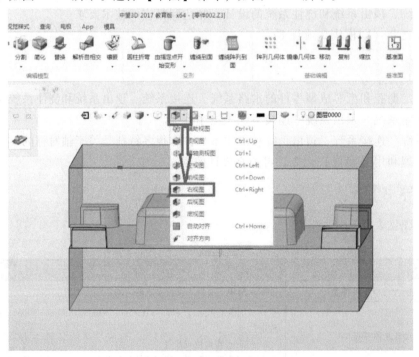

图 2-102 选择【右视图】命令

设置草图参数。如图 2-103 所示。【平面】：单击图 2-103 所示矩形选框平面。

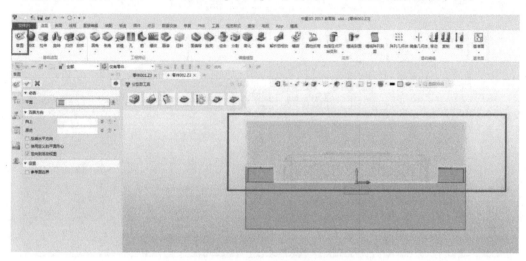

图 2-103　插入草图参数设置

选择【草图】→【点】命令，如图 2-104 所示。设置点参数。【点】：在图 2-104 所示左侧矩形框内零件两点的位置分别单击，使第二个点与上一点在一条垂直线上。

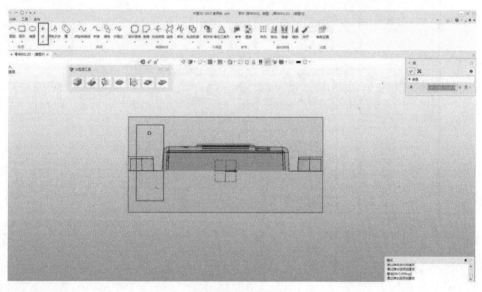

图 2-104　选择点

单击鼠标右键，选择【快速标注】命令。单击上面的点和型腔顶面，单击显示的尺寸数值，将其修改为 8mm；单击下面的点和型芯底面，单击显示的尺寸数值，将其修改为 13mm，如图 2-105 所示。单击其中一点和 Z 轴，单击显示的尺寸，将其修改为 40mm。

选择【镜像】命令，如图 2-106 所示。

设置镜像几何体参数如图 2-107 所示。【实体】：选择左侧两个点；【镜像线】选择 Z 轴（绿色线）。

单击【确定】按钮 ☑，退出草图。

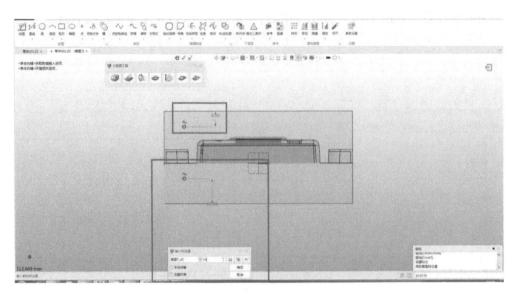

图 2-105　进行标注

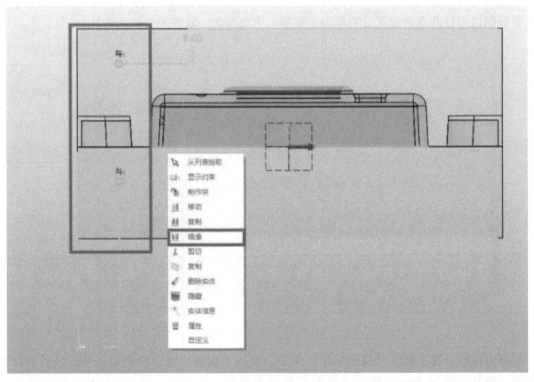

图 2-106　镜像

（2）设计成型零件定位尺寸为 62mm±0.15mm 的水路定位点

1）设计前视图水路定位点。选择【视图栏】→【前视图】命令，如图 2-108 所示。

选择【草图】命令。设置草图参数。如图 2-109 所示。【平面】：单击图 2-109 所示矩形框平面。

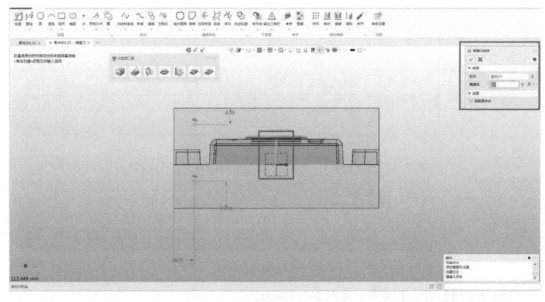

图 2-107　选择 Z 轴

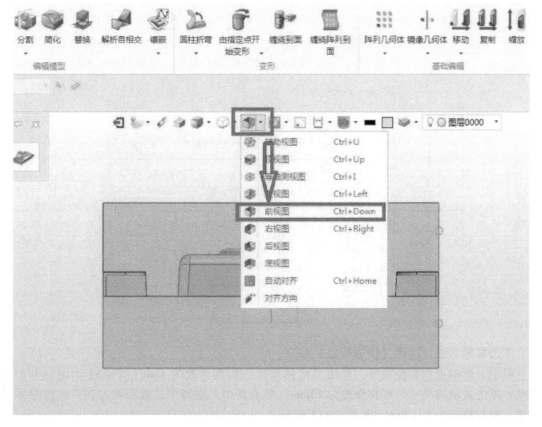

图 2-108　选择前视图

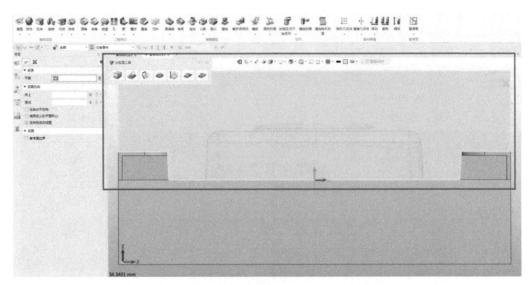

图 2-109　插入草图

选择【草图】→【点】命令，如图 2-110 所示。

设置点参数。【点】：在图 2-110 所示左侧矩形框内零件两点的位置分别单击一下，使第二个点与上一点在一条垂直线上。

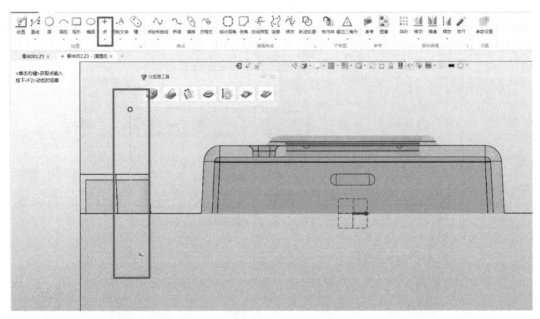

图 2-110　选择点

单击鼠标右键，选择【快速标注】命令。

单击上面的点和型腔顶面，单击显示的尺寸，将其修改为 8mm；单击下面的点和型芯底面，单击显示的尺寸，将其修改为 13mm；单击其中一点和型芯或型腔左面，单击显示的尺寸，将其修改为为 19mm，如图 2-111 所示。

选择【镜像】命令，设置镜像几何体参数。【实体】：选择两点；【镜像线】：选择 Z 轴

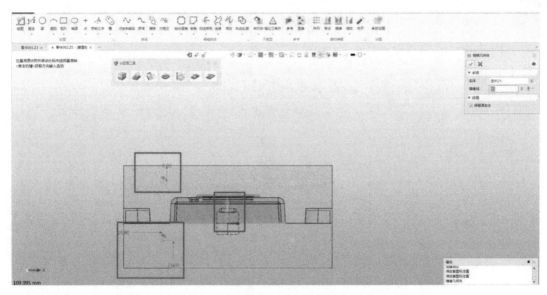

图 2-111　进行标注

（绿色线）。

　　单击【确定】按钮 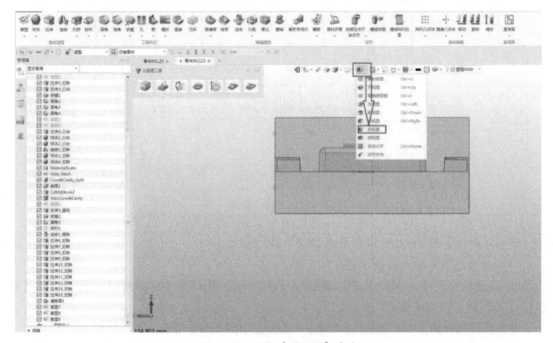 退出草图。

　　2）设计后视图水路定位点。

　　选择【视图栏】→【后视图】命令，如图 2-112 所示。

图 2-112　选择【后视图】命令

　　选择【草图】命令。设置草图参数，【平面】：单击图 2-113 所示矩形框选平面。
此时可看到左侧两点，如图 2-114 所示左侧矩形框中的两点。选择【草图】→【点】命

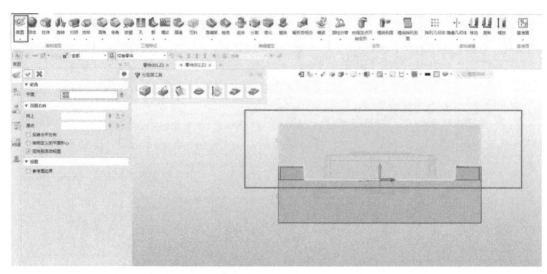

图 2-113 选择基准面

令，如图 2-114 所示。设置点参数。【点】：在如图 2-114 所示矩形框内零件已存的在两点的位置分别单击。

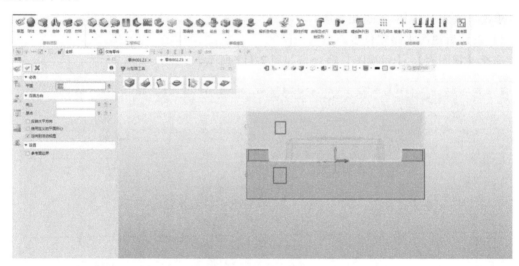

图 2-114 插入草图

单击【确定】按钮 ，得到两点如图 2-115 所示。

（3）通过已知定位点设计水路孔

1）设计六个尺寸为 M8×1.25、螺纹深度为 7mm，孔深为 90mm 的螺纹孔。选择【造型】→【孔】命令，如图 2-116 所示。

设置孔参数如图 2-116 所示。【位置】：依次选中图 2-116 所示六个矩形框内的点。

单击【确定】按钮 。

2）设计四个尺寸 M8×1.25、螺纹深度为 7mm，孔深为 45mm 的螺纹孔。选择【造型】→【孔】命令，如图 2-117 所示。

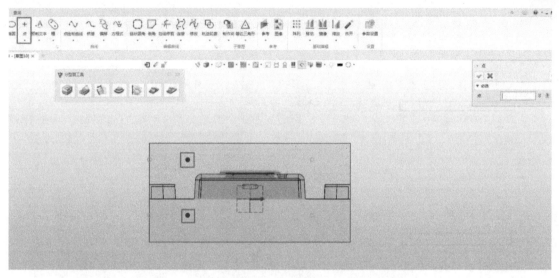

图 2-115　选择点

设置孔参数。【位置】：依次选中图 2-117 所示四个矩形框内的点。

单击【确定】按钮 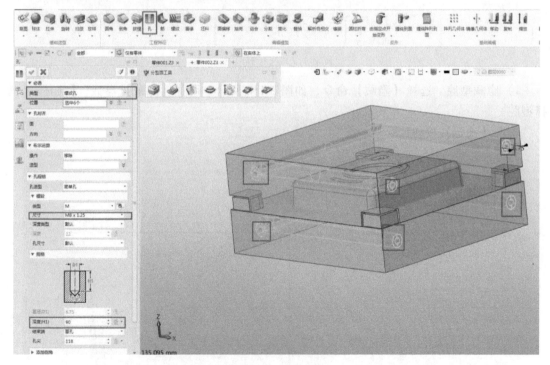，完成水路孔的设计。

图 2-116　进行打孔

3）绘制型芯、型腔 30mm±15mm 水路定位点，设计型芯、型腔尺寸 2×φ5mm 水路孔的方法同上。

3. 顶出系统设计

（1）设计六个顶杆孔定位点

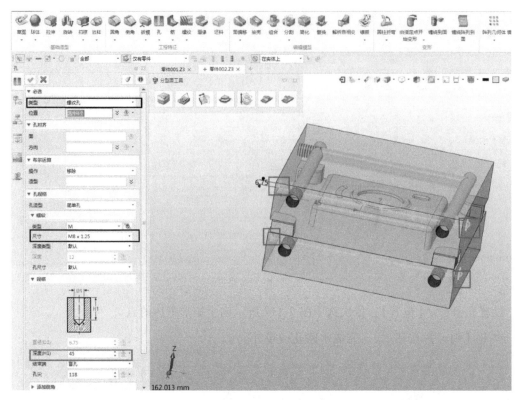

图 2-117　选择螺纹孔

1）隐藏型腔。选择【隐藏】命令，如图 2-118 所示。设置【隐藏】参数。【实体】：选择型腔。

单击【确定】按钮。

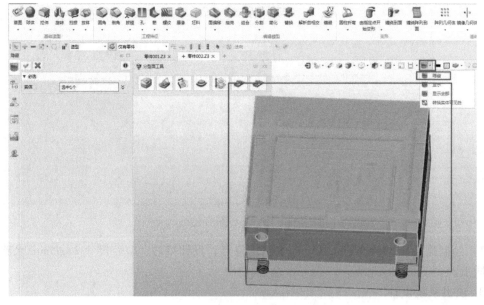

图 2-118　隐藏型腔

2）进入草图。选择【造型】→【草图】命令，如图 2-119 所示。

设置【草图】参数。【平面】：单击图 2-119 所示矩形框选平面。

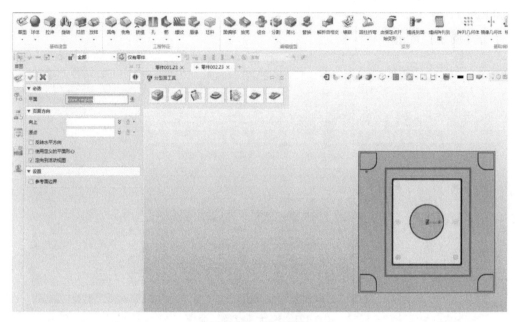

图 2-119　进入草图

单击【确定】按钮，进入草图。

3）设计顶杆定位点。

① 设计左上、左中两个点。选择【草图】→【点】命令，如图 2-120 所示。

设置点参数。【点】：在图 2-120 所示左上侧矩形框内零件两点的位置分别单击，使第二个点与第一个点在一条垂直线上，且第二点在 X 轴上。

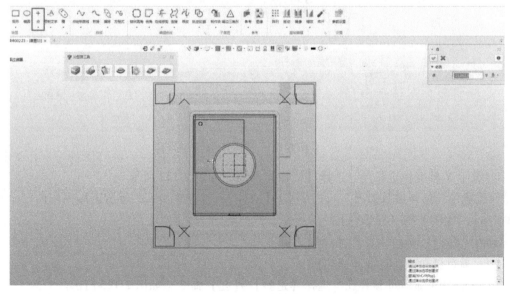

图 2-120　选择点

模块 2　塑料模具零件设计

② 关于 X 轴镜像定位点。选择【镜像】命令，如图 2-121 所示。

设置镜像几何体参数如图 2-122 所示。【实体】：选择左上第一个点；【镜像线】：选择 X 轴（红色线）。

单击【确定】按钮。

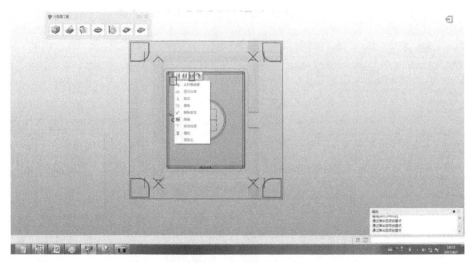

图 2-121 选择【镜像】命令

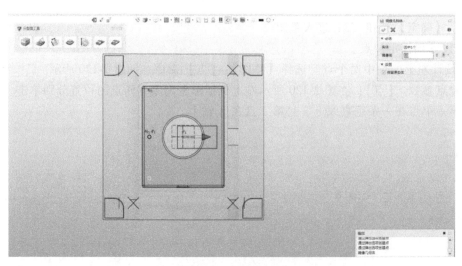

图 2-122 选择 X 轴

③ 关于 Y 轴镜像定位点。选择【镜像】命令，如图 2-123 所示。

设置镜像几何体参数如图 2-124 所示。【实体】：选择图 2-124 所示矩形框内的三个点；【镜像线】：选择 Y 轴（绿色线）。

单击【确定】按钮，退出草图。

（2）通过已知定位点设计顶杆孔

1）设计六个 φ5mm 顶杆孔。选择【造型】→【孔】命令，如图 2-125 所示。

设置孔参数。【位置】：依次选中图 2-125 所示矩形框内的六个点。

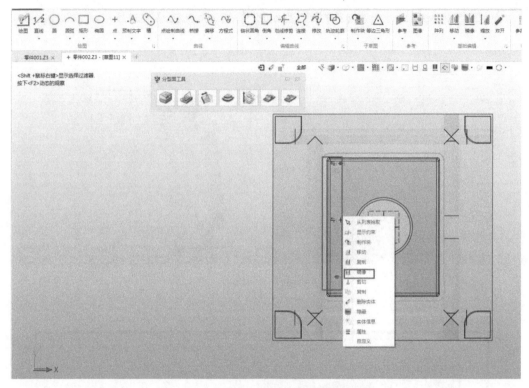

图 2-123　镜像

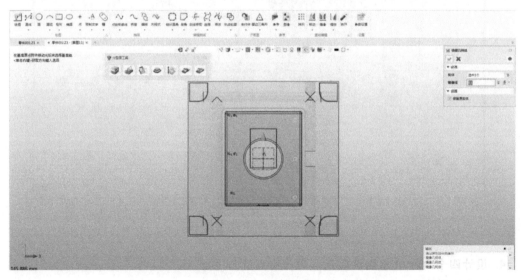

图 2-124　选择 Y 轴

　　单击【确定】按钮 [图标]。

　　2）设计六个 ϕ6mm 顶杆孔沉孔，如图 2-126 所示。用设计六个 ϕ5mm 顶杆孔的方法设计六个 ϕ6mm 顶杆沿孔。

　　单击【确定】按钮 [图标]，完成顶杆孔的设计。

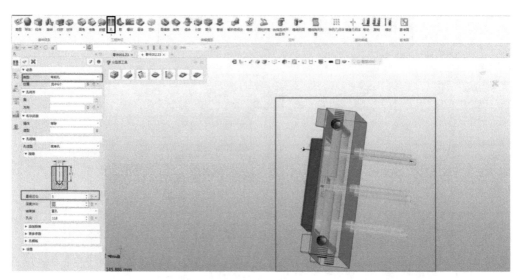

图 2-125　打孔

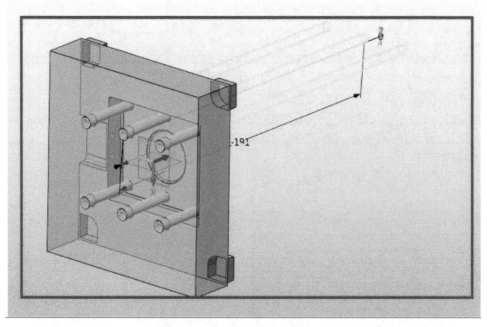

图 2-126　打孔完成

4. 设计四个 ϕ5mm 水路连接孔（顺序有点乱）

（1）设计型腔 2×ϕ5mm 水路连接孔定位点

1）插入草图。选择【文件】→【草图】命令，如图 2-127 所示。

设置草图参数。【平面】：单击图 2-127 所示矩形框选黄色平面。

2）设计型腔一个定位点。选择【草图】→【点】命令，如图 2-128 所示。

设置点参数。【点】：在图 2-128 所示右上侧矩形框内点的位置单击，该点需在所选水路轴线上。

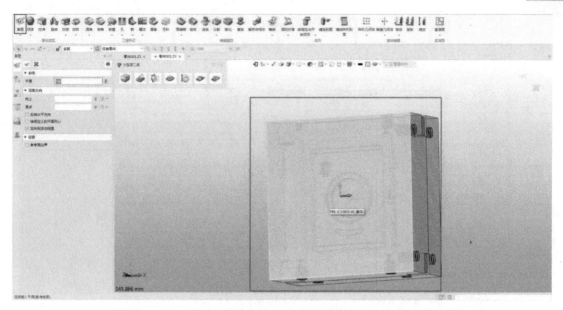

图 2-127　插入草图

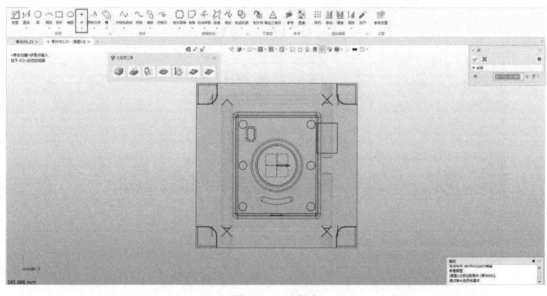

图 2-128　选择点

3）镜像定位点。单击鼠标右键，选择【镜像】命令，如图 2-129 所示。设置镜像几何体参数如图 2-130 所示。【实体】：选择上一步的点；【镜像线】：选择 X 轴（红色）。

单击【确定】按钮 ，效果如图 2-131 所示。

4）约束镜像定位点。单击鼠标右键，选择【快速标注】命令。约束两镜像点距离为 30mm，如图 2-131 所示。

（2）设计型芯 $2×\phi5mm$ 水路连接孔定位点

1）插入草图。选择【文件】→【草图】命令，如图 2-132 所示。

设置草图参数。【平面】：单击图 2-133 所示矩形框选黄色平面。

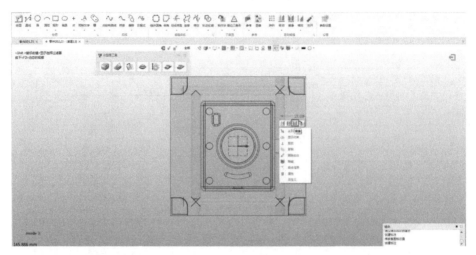

图 2-129　镜像

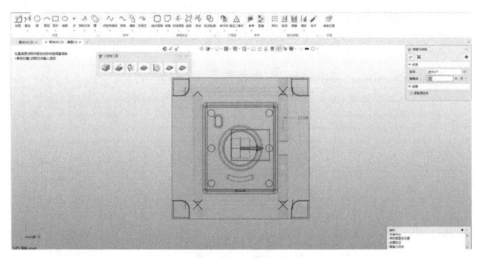

图 2-130　选择 X 轴

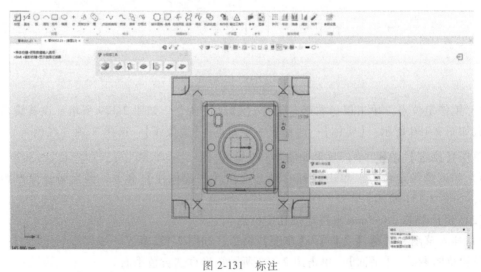

图 2-131　标注

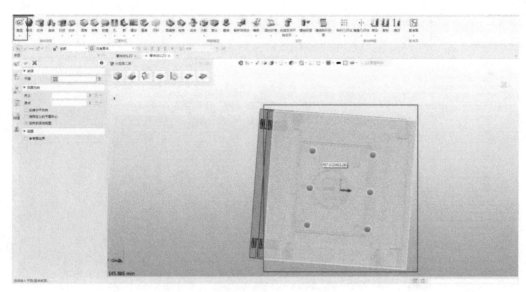

图 2-132 插入草图

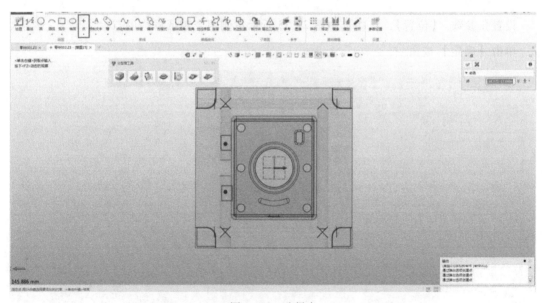

图 2-133 选择点

2）设计型芯一个定位点、镜像定位点、约束镜像定位点，同设计型腔 2×ϕ5mm 水路连接孔。设计型芯 2×ϕ5mm 水路连接孔定位点如图 2-134 所示。设计完成后，单击【确定】按钮 [✓]，退出草图。

（3）通过已知定位点设计四个 ϕ5mm 水路连接孔

1）设计 2×ϕ5mm 型腔水路连接孔。选择【造型】→【孔】命令，如图 2-134 所示。

设置孔参数。【位置】：依次选中图 2-134 所示右侧两个矩形框内的点。

单击【确定】按钮 [✓]。

2）设计 2×ϕ5mm 型芯水路连接孔。选择【造型】→【孔】命令，如图 2-135 所示。

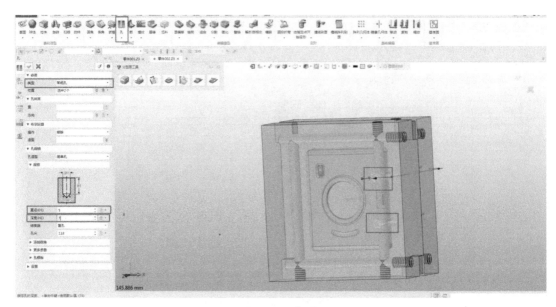

图 2-134　打孔

设置孔参数。【位置】：依次选中图 2-135 所示左侧两个矩形框内的点。

单击【确定】按钮 ✔️。

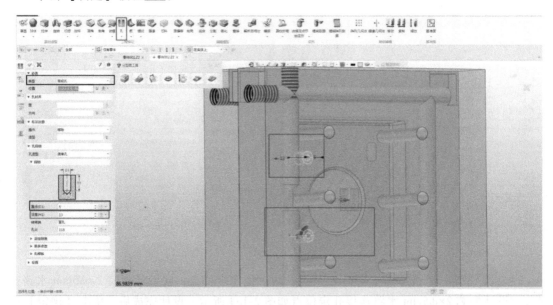

图 2-135　选择常规孔

5. 设计八个螺纹连接孔

（1）设计型腔 4×M6 螺纹孔定位点

1）插入草图。选择【文件】→【草图】命令，如图 2-135 所示。

设置草图参数。【平面】：单击图 2-136 所示矩形框选黄色平面。

2）设计型腔一个螺纹孔定位点。选择【草图】→【点】命令，如图 2-136 所示。

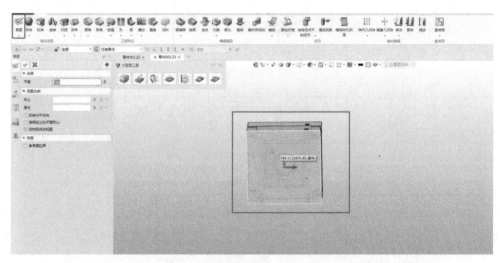

图 2-136　插入草图

设置点参数。【点】：在图 2-136 所示右上侧矩形框内点的位置单击。

3）约束定位点。单击鼠标右键，选择【快速标注】命令。约束定位点尺寸如图 2-137 所示。

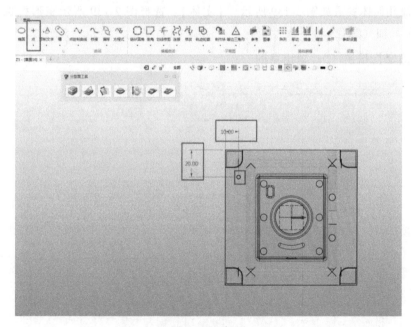

图 2-137　标注

（2）镜像定位点

单击鼠标右键，选择【镜像】命令，如图 2-138 所示。

设置镜像几何体参数如图 2-138 所示。【实体】：选择上一步的点；【镜像线】：选择 X 轴（红色）。

单击【确定】按钮。继续单击鼠标右键，选择【镜像】命令。

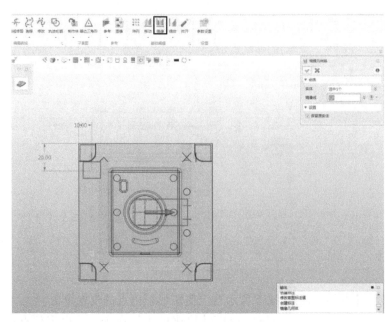

图 2-138　镜像

设置镜像几何体参数如图 2-139 所示。【实体】：选择图 2-139 所示矩形框选两点；【镜像线】：选择 Y 轴（绿色）。

单击【确定】按钮，退出草图。

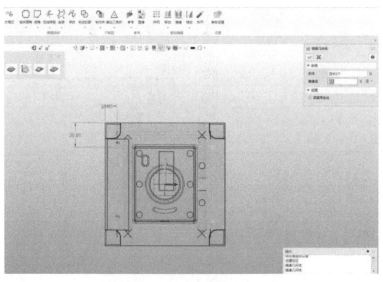

图 2-139　镜像完成

（3）设计型芯 4×M6 螺纹孔定位点

1）插入草图。选择【文件】→【草图】命令，如图 2-140 所示。

设置草图参数。【平面】：单击图 2-140 所示矩形框选黄色平面。

2）设计型芯一个螺纹孔定位点、约束定位点、镜像定位点，同设计型腔 4×M6 螺纹孔定位点。

3）型芯 4×M6 螺纹孔定位点如图 2-141 所示。

单击【确定】按钮，退出草图。

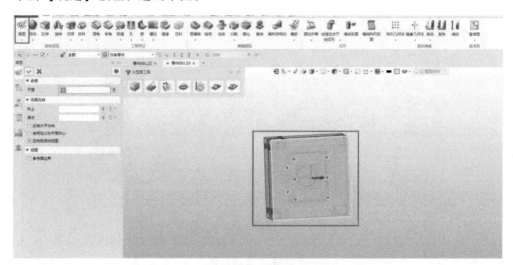

图 2-140　插入草图

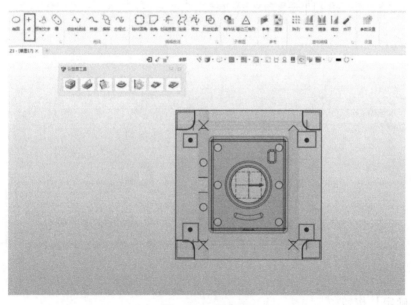

图 2-141　选择点

（4）通过已知定位点设计八个 M6 螺纹连接孔

1）设计型腔 4×M6 螺纹孔定位点。选择【造型】→【孔】命令，如图 2-142 所示。
设置孔参数。【位置】：依次选中图 2-142 所示四个矩形框内的点。

单击【确定】按钮 。

2）设计型芯 4×M6 螺纹孔定位点。选择【造型】→【孔】命令，如图 2-143 所示。
设置孔参数。【位置】：依次选中图 2-143 所示四个矩形框内的点。

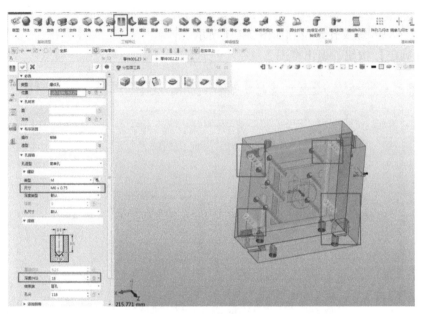

图 2-142　型腔打孔

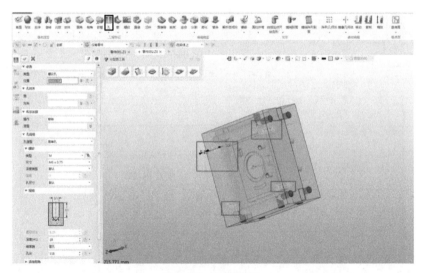

图 2-143　型芯打孔

单击【确定】按钮。

6. 浇注系统设计

选择【造型】→【拉伸】命令，如图 2-144 所示。设置拉伸参数如图 2-144 所示。

按照以上步骤操作完毕，则型腔和型芯成型零件的水路系统、连接系统、顶出系统和浇注系统的设计完成。

【重难点提示】

1）首先确定型腔和型芯成型零件的水路系统、连接系统、顶出系统和浇注系统设计的

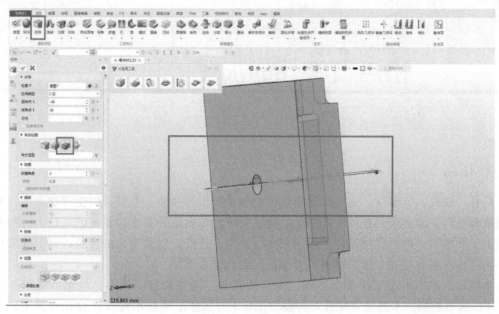

图 2-144　拉伸减运算

合理顺序。

　　2）水路系统、连接系统、顶出系统和浇注系统，有很多特征是关于轴对称，设计它们的草图时，合理利用【镜像】命令，可提高设计效率。

　　3）在设计水路系统、螺纹连接系统的螺纹孔时。通过先草图内设计点，然后用【孔】命令对点打孔，可提高设计效率。

　　4）设计时要自行参照图 2-1 所示面盖塑料制件、图 2-2 所示面盖注射模、图 2-3 所示型腔镶块水路及螺纹孔布置图、图 2-4 所示型芯镶块水路及螺纹孔布置图进行设计，保证位置及尺寸正确。

模块3 型腔与型芯的螺纹孔、顶杆孔和浇口套孔的加工

【模块任务】

钻孔、铰孔、攻螺纹，这是模具钳工中的基础知识与技能。在模具的生产加工中，只要提到成型零件，就会涉及各种水路系统、浇注系统、顶出系统和连接系统的设计。这些系统孔的加工要求对于模具成型零件的使用效果、固定、连接，以及寿命的延长起到了非常重要的作用，而这些系统的孔加工都离不开钻孔、铰孔和攻螺纹。

本模块要求使用钳工的基本工具、刀具及设备，例如铰杠、铰刀、丝锥、钻床等对照图 2-4 所示型腔镶块水路及螺纹孔布置图、图 2-5 所示型芯镶块水路及螺纹孔布置图，在型芯镶块和型腔镶块上完成水路系统、连接系统、顶出系统和浇注系统的孔加工，并达到图样的技术要求。

项目1 钻型腔与型芯的螺纹孔、顶杆孔和浇口套孔

【任务描述】

模具成型零件上有许多孔，如水路孔、顶杆孔、浇口套孔、螺纹孔等，都需要以钻孔工艺进行加工，达到孔的几何精度要求及表面粗糙度要求，这些孔大部分都在划线后加工。

【工作任务】

参照图 2-3 所示的型腔镶块水路及螺纹孔布置图、图 2-4 所示的型芯镶块水路及螺纹孔布置图，在型腔、型芯毛坯上，完成型腔和型芯成型零件的水路系统、连接系统、顶出系统和浇注系统的孔加工。

材料准备：型腔毛坯尺寸为 $100^{-0.012}_{-0.034}\,\mathrm{mm} \times 100^{-0.012}_{-0.034}\,\mathrm{mm} \times 27^{0}_{-0.021}\,\mathrm{mm}$；型芯毛坯尺寸为 $100^{-0.016}_{-0.043}\,\mathrm{mm} \times 100^{-0.016}_{-0.043}\,\mathrm{mm} \times 32^{+0.08}_{+0.06}\,\mathrm{mm}$。

工量具准备：数显游标卡尺、游标高度卡尺、划线平板、样冲、锤子、$\phi4\mathrm{mm}$ 钻头、$\phi4.8\mathrm{mm}$ 钻头、$\phi5\mathrm{mm}$ 钻头、$\phi5.2\mathrm{mm}$ 钻头、$\phi6\mathrm{mm}$ 钻头、$\phi7\mathrm{mm}$ 钻头、$\phi11.8\mathrm{mm}$ 钻头、$\phi12\mathrm{mm}$ 钻头，如图 3-1 所示。

设备：钳工工作台（带台虎钳）、台钻。

图 3-1 准备工具

【职业素养要求】

◆技能素养

1. 能够根据图样要求，使用划线工具划出成型零件的水路孔、螺纹孔、顶杆孔和浇口孔的加工位置，并打上样冲眼。

2. 会根据孔径大小选择合适的钻头，并会合理选择转速和进给量。

3. 会根据模具装配时孔位的一致性合理选择引孔（配钻）。

◆专业素养

1. 能够按照 7S 管理标准，维护工作现场环境；养成良好的职业道德、安全规范、责任意识、风险意识等素养。

2. 具有质量意识兼顾效率观念；具备在一定压力下工作不受外界影响的稳定的心理素质。

3. 具备良好的协作沟通能力。

4. 引导学生训练精益求精的大师精神，以及从事相应的生产的敬业精神。

【任务分析】

确定水路系统钻孔工艺：划线→打样冲眼→钻孔。

确定连接系统、顶出系统和浇注系统的钻孔工艺：在对应模架上引孔打定位点→（拿下模架）钻孔。

【任务指导书】

工艺步骤见表 3-1。

表 3-1　工艺步骤

序号	任务名称	任务内容
1	校核工件尺寸	用数显游标卡尺检测型芯工件、型腔工件尺寸
2	型腔镶块钻孔	1. 划型腔水路孔定位线 2. 钻型腔水路孔 3. 配钻型腔螺纹孔的定位点 4. 钻型腔螺纹孔 5. 钻型腔浇口套孔 6. 孔口倒角
3	型芯镶块钻孔	1. 划型芯水路孔定位线 2. 钻型芯水路孔 3. 配钻型芯顶杆孔、拉料杆孔和螺纹孔的定位点 4. 钻型芯顶杆孔、拉料杆孔和螺纹孔 5. 孔口倒角

【实施步骤】

1. 核对工件尺寸

用数显游标卡尺（分度值为 0.01mm）检测型腔毛坯尺寸（$100^{-0.012}_{-0.034}$mm×$100^{-0.012}_{-0.034}$mm×

27$_{-0.021}^{0}$mm）、型芯毛坯尺寸（100$_{-0.043}^{-0.016}$mm×100$_{-0.043}^{-0.016}$mm×32$_{+0.06}^{+0.08}$mm）是否合格。若不合格，则须调换合格尺寸的毛坯，如图 3-2 和图 3-3 所示。

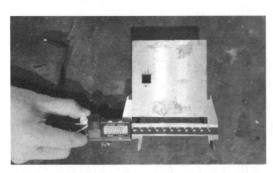

图 3-2　进行测量

图 3-3　读取数据

2. 型腔钻孔

（1）划型腔水路孔定位线

1）参照图 2-3 所示型腔镶块水路及螺纹孔布置图，用游标高度卡尺在划线平板上划出孔的中心距位置为 80mm±0.15mm、62mm±0.15mm，距离型腔底面为 8mm 的水路孔定位线，如图 3-4 和图 3-5 所示。

2）参照图 2-3 所示型腔镶块水路及螺纹孔布置图，用游标高度卡尺在划线平板上划出孔的位置为 62mm±0.15mm、中心距为 30mm±0.15mm 的水路孔定位线，如图 3-6 所示。

3）左手持样冲，右手持锤子对孔的定位位置打样冲眼，如图 3-7 所示。

图 3-4　调整游标高度卡尺

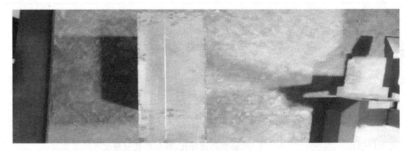

图 3-5　划线

（2）钻型腔水路孔

1）打开台钻开关，把台钻转速调到 800r/min。

2）把毛坯放平，侧边（27mm 尺寸）装夹在台虎钳上。

用 φ5mm 钻头，钻中心距为 80mm±0.15mm，深度 90mm 的两个水路孔。（在钻孔时注意随时加切削液冷却，当钻头钻入约直径深度时，要随时把钻头退出以利于排屑，下面钻孔

图 3-6　划线完成

图 3-7　打样冲眼

均采用此方法），如图 3-8 所示。

3）依旧把毛坯侧边（27mm 尺寸）加持在台虎钳上，把中心距为 62mm±0.15mm 的孔调转在上面。

钻削中心距为 62mm±0.15mm 的水路孔，其中靠近中心距 80mm±0.15mm 孔口的孔的深度为 40mm，远离中心距 80mm±0.15mm 孔口的孔的深度为 90mm，如图 3-9 所示。

图 3-8　台钻打孔

图 3-9　侧壁打孔

4）依旧把毛坯侧边（27mm 尺寸）装夹在台虎钳上，沿垂直方向调转 180°。

钻削靠近中心距 80mm±0.15mm 孔口的孔，深度为 40mm，如图 3-10 所示。

5）把尺寸为 $100^{-0.012}_{-0.034}$mm×$100^{-0.012}_{-0.034}$mm 的底面朝上，水平装夹在台虎钳上。用 ϕ4mm 的钻头钻削中心距为 30mm±0.15mm、深度为 8mm 的孔。

（3）配钻型腔螺纹孔的定位点

1）用数显游标卡尺测量螺纹过孔的孔径，测得尺寸分别为 ϕ6mm、ϕ7mm。

2）调整台钻转速为 300r/min；调整钻床钻夹头高度，距离型腔固定板约为 150mm。

模块 3　型腔与型芯的螺纹孔、顶杆孔和浇口套孔的加工

97

把型腔正确放入型腔固定板，放入时确定水路孔口的方向是否正确。把型腔连同型腔固定板扣放在台钻工作台上，如图3-11所示。

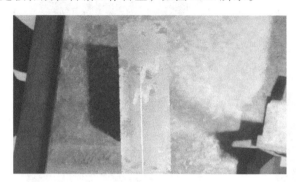

图3-10　划线

图3-11　模架引钻

3）把台钻换上 ϕ6mm钻头，左手按住并控制型腔固定板的位置，右手控制进给，钻通型腔固定板上的四个M6螺纹通孔，引钻出型腔上四个M6的螺纹孔定位点（定位点深度为0.3～0.5mm，下面引孔均如此），如图3-12所示。

把台钻换上 ϕ12mm钻头，左手按住并控制型腔固定板的位置，右手控制进给，通过型腔固定板上的一个 ϕ12mm浇口套孔，引钻出型腔上一个 ϕ12mm浇口套孔定位点，如图3-12和图3-13所示。

图3-12　换钻头

图3-13　打孔

4）配钻完定位点后，把型腔镶块和型腔固定板拿下。

（4）钻型腔螺纹孔

1）调整台钻转速为800r/min；调整钻床工作部位钻夹头高度，使其距离台虎钳平面约为150mm。台虎钳钳口张开距离大于型芯宽度，在钳口中前后贴紧台虎钳放置两块垫铁。

2）把 ϕ5.2mm钻头安装在台钻上。钻出四个 ϕ5.2mm的螺纹孔，深度为15mm，如图3-14所示。

（5）钻型腔浇口套孔

1）调整台钻转速为500r/min；调整钻床工作部位钻夹头高度，使其距离台虎钳平面约为150mm。台虎钳钳口张开距离大于型腔宽度，在钳口中前后贴紧台虎钳放置两块垫铁；把型腔镶块底朝上水平放置在台虎钳钳口的上，并夹紧。

2）把 ϕ11.8mm钻头安装在台钻上，钻出 ϕ11.8mm的浇口套孔，如图3-15所示。

图 3-14　侧壁打孔　　　　　　　　　　　图 3-15　铰刀铰孔

（6）孔口倒角　钻孔完毕，对所有的孔进行孔口倒角，尺寸为 1mm×45°。

3. 型芯钻孔

（1）划型芯水路孔定位线

1）参照图 2-4 所示型芯镶块水路及螺钉孔布置图，用游标高度卡尺在划线平板上划出孔的中心距位置为 80mm±0.15mm、62mm±0.15mm，距离型芯底面为 13mm 的水路孔定位线，如图 3-16 所示。

2）参照图 2-4 所示型芯镶块水路及螺纹孔布置图，用游标高度卡尺在划线平板上划出孔的位置为 62mm±0.15mm、中心距为 30mm±0.15mm 的水路孔定位线，如图 3-17 所示。

图 3-16　型芯侧壁划线

3）左手持样冲，右手持锤子对孔的定位位置打样冲眼，如图 3-18 所示。

（2）钻型芯水路孔

1）打开台钻开关，把台钻转速调到 800r/min。

2）把毛坯放平，侧边（32mm 尺寸）装夹在台虎钳上。

用 ϕ5mm 钻头，钻中心距为 80mm±0.15mm，深度 90mm 的两个水路孔。

3）依旧把毛坯侧边（32mm 尺寸）装夹在台虎钳上，把中心距为 62mm±0.15mm 的孔调转在上面。

钻削中心距为 62mm±0.15mm 的水路孔，其中靠近中心距 80mm±0.15mm 孔口的孔的深度为 40mm，远离中心距 80mm±0.15mm 孔口的孔的深度 90mm。

4）依旧把毛坯侧边（32mm 尺寸）装夹在台虎钳上，沿垂直方向调转 180°。钻削靠近中心距 80mm±0.15mm 孔口的孔，深度为 40mm。

图 3-17　根据图样划线

图 3-18　打样冲眼

5）把尺寸为 $100^{-0.016}_{-0.043}$mm×$100^{-0.016}_{-0.043}$mm 的底面朝上，水平装夹在台虎钳上。用 ϕ4mm 的钻头钻削中心距为 30mm±0.15mm、深度为 13mm 的孔。

（3）配钻型芯顶杆孔、拉料杆孔和螺纹孔的定位点

1）用游标卡尺测量型芯固定板上顶杆过孔、螺纹过孔的孔径，测得尺寸分别为 ϕ6mm、ϕ7mm。

2）调整台钻转速为 300r/min；调整钻床钻夹头高度，距离型芯固定板约为 150mm。把型芯正确放入型芯固定板，放入时确定水路孔口的方向是否正确。把型芯连同型芯固定板扣放在台钻工作台上。

3）在台钻上换上 ϕ6mm 钻头，左手按住并控制型芯固定板的位置，右手控制进给，钻型芯固定板上的七个 ϕ6mm 的孔，引钻出型芯上六个 ϕ6mm 的顶杆孔定位点和一个 ϕ6mm 的拉料杆孔定位点（定位点深度为 0.3～0.5mm，下面引孔均如此），如图 3-19～图 3-21 所示。

图 3-19　模架引钻

图 3-20　换钻头

4）把台钻换上φ7mm钻头，通过型芯固定板上的四个M6螺纹通孔，引钻出型芯上四个M6的螺纹孔定位点，如图3-22所示。

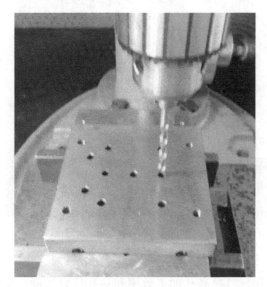

图3-21 钻孔

图3-22 铰刀铰孔

5）把台钻换上φ12mm钻头，通过型芯固定板上的φ12mm浇口套通孔，引钻出型芯上φ12mm的浇口套孔定位点。

6）配钻完定位点后，把型芯镶块和型芯固定板拿下。

（4）钻型芯顶杆孔、拉料杆孔和螺纹孔

1）调整台钻转速为800r/min；调整钻床工作部位钻夹头高度，使其距离台虎钳平面约为150mm。台虎钳钳口张开距离大于型芯宽度，在钳口中前后贴紧台虎钳放置两块垫铁；把型芯镶块底朝上水平放置在台虎钳钳口的上，并夹紧。

2）把φ5mm钻头安装在台钻上，钻出六个φ5mm的顶杆孔和一个φ5mm的拉料杆孔，如图3-23所示。

（5）钻φ5.2mm螺纹孔 把φ5.2mm钻头安装在台钻上，钻出四个φ5.2mm的螺纹孔，深度为15mm，如图3-24所示。

（6）钻φ12mm浇口套通孔 把φ11.8mm钻头安装在台钻上，钻出型芯中间的φ12mm浇口套通孔，如图3-25所示。

图3-23 打顶杆孔

（7）孔口倒角 如图3-26所示。

钻孔完毕，对所有孔进行孔口倒角尺寸为1mm×45°。

孔加工完毕，打扫钻床铁屑。

【重难点提示】

1）划线时要在对模具零件的尺寸公差和与其相关的尺寸充分了解之后进行。并且在划

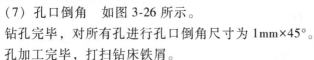

图 3-24 打螺纹孔　　　　　　图 3-25 铰刀铰孔　　　　　　图 3-26 倒角

线之后再次测量核对，保证划线无误。

2）当模架上有过通孔时，合理利用配钻钻孔，可提高孔加工效率和钻孔位置精度。配钻是将两个工件按要求位置固定在一起，使用与光孔直径相同钻头，以光孔为引导，在待加工工件上先钻一个锥坑，再把两个工件分开，以锥坑为基准钻孔。

3）在钻孔初钻入时，用力要大一点；当已经钻入时，要经常加切削液，降低切削热，延长钻头寿命，并且要经常抬钻头排屑；在快钻穿时，用力要轻一些，防止一下切入过大发生事故。钻孔操作不能佩戴手套。

项目 2　攻型腔与型芯孔螺纹、铰型芯顶杆孔和浇口套孔

【模块任务】

模具的成型零件在与浇口套、顶杆等配合时，为了保证较高的尺寸精度及表面质量，需要铰孔；与模架，水路堵头连接时，为了连接可靠需要攻螺纹。因此，在模具成型零件钻孔后的铰孔和攻螺纹是一项重要的加工内容。

【任务描述】

参照图 2-3 所示型腔镶块水路及螺纹孔布置图、图 2-4 所示型芯镶块水路及螺纹孔布置图，在型腔和型芯毛坯上完成型腔和型芯成型零件的孔的螺纹加工、铰型芯顶杆孔和浇口套孔。

材料准备：项目 1 完成的成型零件。

工量具准备：M8 丝锥（带铰杠）、φ5mm 铰刀（带铰杠）、φ12mm 铰刀（带铰杠）。

设备：钳工工作台（带台虎钳）、台钻。

【职业素养要求】

◆技能素养

1. 能够根据图样要求，使用丝锥、铰刀在正确的位置加工螺纹孔、铰孔。

2. 会根据孔径大小选择丝锥及铰刀。

3. 熟练掌握攻螺纹及铰孔的正确方法。

◆专业素养（同模块 3 项目 1）

【任务分析】

确定攻螺纹的位置及深度：型腔和型芯均有四个 M8 水路孔螺纹、四个 M6 连接孔螺纹，深度分别为 7mm、13mm。

确定铰孔位置及深度：铰孔型腔 $\phi12mm$ 浇口套孔、型腔和型芯均有六个 $\phi6mm$ 顶杆孔、一个拉料杆孔。深度均为通孔。

【任务指导书】

工艺步骤见表 3-2。

表 3-2　工艺步骤

序号	任务名称	任务内容
1	攻型腔螺纹、铰孔	1. 攻型腔螺纹 (1) 攻四个水路孔螺纹 (2) 共四个连接孔、定位孔螺纹 2. 型腔铰孔 铰浇口套孔
2	攻型芯螺纹、铰孔	1. 攻型芯螺纹 (1) 攻四个水路孔螺纹 (2) 共四个连接孔、定位孔螺纹 2. 型腔铰孔 铰顶杆孔和拉料杆孔

【实施步骤】

1. 攻型腔螺纹、铰孔

参照图 2-3 所示型腔镶块水路及螺纹孔布置图，确定型腔螺纹加工的位置及铰孔位置。

（1）攻型腔水路螺纹孔

1）把型腔毛坯侧边放平，侧边（27mm 尺寸）装夹在台虎钳上，如图 3-27 所示。

2）用 M8 丝锥攻中心距为 80mm±0.15mm，深度为 90mm 的两个水路孔的孔口螺纹，螺纹深度为 7mm。（在攻螺纹时，保证丝锥摆正且竖直，在丝锥攻入后，每切入 1~2 圈后，须反向转动 1/2 圈左右，使切屑碎断后容易排出。以下均如此）。

图 3-27　用台虎钳夹住工件

3）把毛坯侧边（27mm尺寸）装夹在台虎钳上，把中心距为62mm±0.15mm的孔口调转在上面。

（2）攻固定连接螺纹孔　把型腔 $100_{-0.043}^{-0.016}$mm×$100_{-0.043}^{-0.016}$mm尺寸的底面朝上，水平装夹在台虎钳上。用M6丝锥依次攻中心距为60mm±0.1mm的四个孔，螺纹深度为13mm，如图3-28所示。

（3）铰型腔浇口套孔　保持型腔装夹不变，用 ϕ12mm铰刀对型腔 ϕ11.8mm的孔进行铰孔。铰孔时，只能顺转，两手用力要平衡、均匀和稳定，如图3-29所示。

图 3-28　攻螺纹　　　　　　　　图 3-29　用铰刀铰孔

2. 攻型芯螺纹、铰孔

参照图2-4型芯镶块水路及螺钉孔布置图，确定型芯螺纹加工的位置及铰孔位置。

（1）攻型芯水路孔螺纹

1）把毛坯侧边放平，侧边（32mm尺寸）装夹在台虎钳上，如图3-30所示。

2）用M8丝锥攻中心距为80mm±0.15mm，深度为90mm的两个水路孔的螺纹孔，螺纹深度为7mm。

3）把毛坯侧边（32mm尺寸）装夹在台虎钳上，把中心距为62mm±0.15mm的孔口调转在上面，如图3-31所示。

（2）攻固定连接螺纹孔　把型芯 $100_{-0.043}^{-0.016}$mm×$100_{-0.043}^{-0.016}$mm尺寸的底面朝上，水平装夹在台虎钳上。用M6丝锥依次攻中心距为60mm±0.1mm的四个螺纹孔，螺纹深度为13mm，如图3-32所示。

铰型芯顶杆孔，如图3-33所示。

保持型芯装夹不变，用 ϕ5mm铰刀对型芯的七个 ϕ4.8mm的孔进行铰孔。

图 3-30 用台虎钳夹住工件

图 3-31 调转孔口

图 3-32 攻螺纹

图 3-33 用铰刀铰孔

【重难点提示】

1. 攻螺纹时的工作要点

1）攻螺纹时孔口必须倒角，通孔两端孔口都要倒角。

2）攻螺纹前，装夹工件时，要使孔中心垂直于钳口，防止螺纹攻歪。

3）用头锥攻螺纹时，先旋入 1~2 圈后，要检查丝锥是否与孔端面垂直（可目测或使用直角尺在互相垂直的两个方向检查）。当切削部分已切入工件后，每转 1~2 圈应反转 1/4 圈，以使切屑断落；同时不能再施加压力（即只转动不加压），以免丝锥崩牙或攻出的螺纹齿较瘦。

模块 3 型腔与型芯的螺纹孔、顶杆孔和浇口套孔的加工

4）攻钢件上的内螺纹，要加机油润滑，可使螺纹光洁，省力和延长丝锥寿命；攻铸铁上的内螺纹可不加润滑剂；攻铝及铝合金、纯铜上的内螺纹，可加乳化液。

5）不要用嘴直接吹切屑，以防切屑飞入眼内。

6）加工结束后，将丝锥反向旋转慢慢退出，不能直接向外拔出。

2. 铰孔时的工作要点

1）铰孔时工件要装夹可靠，且夹正、夹紧。

2）手铰时，两手用力要平衡、均匀和稳定，且铰刀只能顺转。

3）当铰刀被卡主时，不要用力扳转铰刀，应及时取出，清除切削，检查铰刀后在继续缓慢进给。

4）机铰时，应先退出铰刀再停车。机铰时，要注意机床主轴、铰刀、待铰孔三者之间的同轴度是否符合要求。

模块4 成型零件数控加工

【模块任务】

模腔决定着塑料制品的几何形状和尺寸。成型塑件外表面的模具零部件称为型腔，成型塑件内表面的模具零部件称为型芯。

本模块是数控铣削编程内容，主要学习 CAD/CAM 软件的编程方法，能生成正确、合理的刀具加工路径并在数控铣床上加工操作，达到图样的技术要求。型芯零件、型腔零件如图 4-1 和图 4-2 所示。

图 4-1 型芯零件加工

图 4-2 型腔零件加工

【数控机床操作规程】

1）进入竞赛单元后，穿好工作服，戴上安全帽及防护眼镜，不允许戴手套、扎领带操作数控机床，不允许穿凉鞋、拖鞋、高跟鞋等到场参赛。

2）上机操作前应阅读数控机床的操作说明书，熟悉数控机床的开机、关机顺序，规范操作机床。

3）开机前，应检查数控机床是否完好，检查油标、油量；上电后，首先完成各轴的回参考点操作，再进入其他操作，以确保各轴坐标的正确性；机床运行应遵循"先低速、再中速、后高速"的原则，其中低速、中速运行时间不得少于 2~3min。确定机床无异常后，方可进行切削加工。

4）了解和掌握数控机床控制和操作面板及其操作要领，了解零件图样的技术要求，检查毛坯尺寸和形状有无缺陷。选择合理的安装零件的方法，正确选用数控刀具，安装零件和刀具要保证准确、牢固。

5）禁止私自打开机床电源控制柜，严禁徒手触摸电动机、排屑器；不允许两人同时操作运行的机床，某项工作如需要两个人或多人共同完成时，应关闭机床主轴。手动对刀时，应注意选择合适的进给速度；使用机械式寻边器时，机床主轴转速不得超过600r/min。

6）使用机床开始加工之前，必须采用程序校验方式检查所用程序是否与被加工零件相符，待确认无误后，关好安全防护罩，开动机床进行零件加工，程序正常运行中严禁开启防护门。

7）更换刀具、调整工件或清理机床时必须停机。机床在工作中出现不正常现象或发生故障时，应按下"急停"按钮，保护现场，同时立即报告现场工作人员。

8）禁止用手接触刀尖和铁屑，铁屑必须要用钩子或毛刷来清理，禁止用手或其他任何方式接触正在旋转的主轴或其他运动部位，禁止在加工过程中测量工件，也不能用棉纱擦拭工件。

9）竞赛完毕后应清扫机床，保持机床清洁，依次关闭机床操作面板上的电源和总电源，使机床与环境保持清洁状态。

10）机床上的保险和安全防护装置，操作者不得任意拆卸和移动。严禁修改机床厂方设置的参数，必要时必须通知设备管理员，请设备管理员修改。机床附件、量具和刀具应妥善保管，保持完整与良好，丢失或损坏照价赔偿。

项目 1　模具型芯数控加工

【任务描述】

本项目是数控铣削模具型芯零件，型芯零件是成型的重要组成部分，零件的尺寸精度关乎着模具塑件的成型质量。数控铣削是最重要的工序之一。

【工作任务】

依据创建的型芯成型零件的 3D 数字模型，完成成型零件数控加工程序编写的任务，并达到相应的技术要求。

【职业素养要求】

◆ 技能素养

1. 掌握 CAD/CAM 软件的基本知识，能够独立完型芯成型零件的数控加工。

2. 了解型芯零件在模具中的作用，掌握与之相配合的尺寸及关系并能加工合格的型芯零件。

◆ 专业素养

1. 能够按照 7S 管理标准，维护工作现场环境；养成良好的职业道德、安全规范、责任意识、风险意识等素养。

2. 具有质量意识兼顾效率观念；具备在一定压力下工作不受外界影响的稳定的心

理素质。

   3. 具备良好的协作沟通。

   4. 引导学生训练精益求精的大师精神以及从事相应的生产的敬业精神。

【任务分析】

   根据型芯零件特征，首先制定型芯零件的数控加工工艺：粗加工模具型芯零件→底面精加工→精加工侧壁→清角加工。

【任务指导书】

   工艺步骤见表 4-1。

表 4-1　工艺步骤

序号	任务名称	任务内容
1	准备工作	1. 开启数控铣床，各轴回参考点，检查机床状态 2. 装夹工件，将型芯装配在机用平口钳上，并敲紧
2	装上分中棒并对刀	1. 分中棒 X 方向对刀 2. 分中棒 Y 方向对刀，建立工件坐标系 3. 安装 D16R0.8 刀具，Z 方向对刀，准备开粗加工
3	计算机数字化型芯模型准备	1. 对 3D 数字模型进行简化，去掉非必要加工的地方 2. 沿 Z 方向移动坐标，确认跟机床建立的工件坐标系的位置相一致 3. 沿 X、Y 方向移动旋转，确认跟机床工作台工件摆放的 X、Y 方向一致 4. 在工作界面空白处右击，进入加工方案 5. 选择默认的加工环境 6. 调整【设备】-【后置处理器配置】参数，修改为与机床相匹配的参数【KND-2000MC】
4	粗加工模具型芯零件	1. 二维偏移粗加工，选择加工的零件 2. 设置刀具参数【D16R0.8】，确认与机床装夹使用的刀具一致 3. 双击【刀具】，设置刀具切削参数 4. 双击【参数】，设置主要参数 5. 设置【限制参数】，【顶部】为工件的最高点圆形凸台上表面 6.【底部】为型芯分型面 7. 计算加工路径 8. 将数控加工程序传输到机床进行加工
5	底面精加工	1. 重复二维偏移粗加工 1 的刀具路径 2. 选择【二维偏移粗加工 2】的刀具参数进行管理，将刀具修改为【D10R0】 3. 切削参数继承【二维偏移粗加工 1】 4. 设置加工参数曲面余量 5. 设置参数边界 6. 设置参数参考工序 7. 计算刀具路径 8. D10R0 刀具的 Z 方向对刀，将数控加工程序传输到机床进行加工

模块 4　成型零件数控加工

109

（续）

序号	任务名称	任务内容
6	用 D8R0.5 刀具精加工侧壁	1. 建立【等高线切削 1】,选择【零件】并确定 2. 更改刀具参数为【D8R0.5】 3. 切削参数继承【二维偏移粗加工 1】 4. 设置加工参数 5. 设置【限制参数】,【顶部】为成型面 6. 设置【限制参数】,【底部】为分型面 7. 计算刀具路径 8. 更换 D8R0.5 刀具 Z 方向对刀,将数控加工程序传输到机床进行加工
7	D2R1 的刀具进行清角加工	1. 新建【等高线切削】,选择【轮廓】 2. 设置刀具参数【D2R1】 3. 切削参数继承【二维偏移粗加工 1】 4. 设置加工参数【曲面余量】和【Z 方向余量】,【下切步距】为【0.05】 5. 对【限制参数】中的【顶部】和【底部】进行设置 6. 计算刀具路径 7. 更换 D2R1 刀具 Z 方向对刀,将数控加工程序传输到机床进行加工
8	加工结束	1. 结束后拆卸型芯零件,清理毛刺 2. 清理机床及现场

【实施步骤】

1. 准备工作

1）启动数控铣床,各轴回参考点,检查机床状态。

2）装夹工件,将型芯装配在机用平口钳上,并敲紧,如图 4-3 所示。

图 4-3 机用平口钳装夹

2. 装上分中棒并对刀 （图 4-4）

1）分中棒 X 方向对刀,如图 4-5 所示。

2）分中棒 Y 方向对刀,建立工件坐标系,如图 4-6 所示。

3）安装 D16R0.8 刀具,Z 方向对刀,准备开粗加工,如图 4-7 所示。

图 4-4　装刀操作

图 4-5　分中棒 X 方向对刀

图 4-6　分中棒 Y 方向对刀

图 4-7　分中棒 Z 方向对刀

3. 计算机数字化型芯模型准备

1）对 3D 数字模型进行简化，去掉非必要加工的地方，如图 4-8 所示。

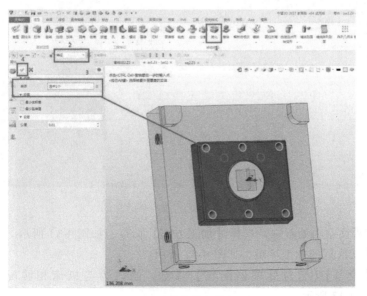

图 4-8　简化模型特征

2）沿 Z 方向坐标移动，确认跟机床建立工件坐标系的位置相一致，如图 4-9 所示。

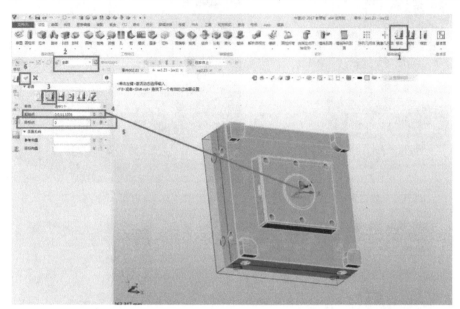

图 4-9　Z 方向坐标移动

3）沿 X、Y 方向旋转移动，确认跟机床工作台工件摆放的 X、Y 方向一致，如图 4-10 所示。

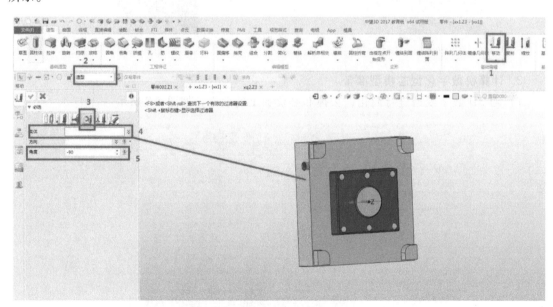

图 4-10　沿 X、Y 方向旋转移动

4）在工作界面空白处右击，选择【加工方案】命令，如图 4-11 所示。

5）选择【默认】的加工环境，如图 4-12 所示。

6）调整【设备】-【后置处理器配置】参数，修改为与机床相匹配的参数【KND-2000MC】，如图 4-13 所示。

图 4-11　选择【加工方案】命令

图 4-12　选择【默认】的加工环境

4. 粗加工模具型芯零件

1）二维偏移粗加工，选择加工的零件，如图 4-14 所示。

图 4-13　调整【后置处理器配置】参数

图 4-14　二维偏移粗加工

2）设置刀具参数【D16R0.8】，确认与机床装夹使用的刀具一致，如图 4-15 所示。

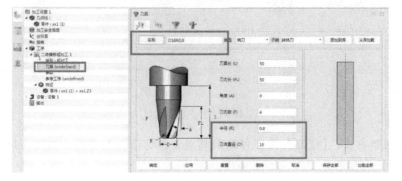

图 4-15　设置刀具参数

模块 4　成型零件数控加工

113

3）双击【刀具】，设置刀具切削参数，【粗加工】【精加工】的主轴转速设为【3000】，【粗加工】【精加工】的进给速度设为【3000】，如图4-16所示。

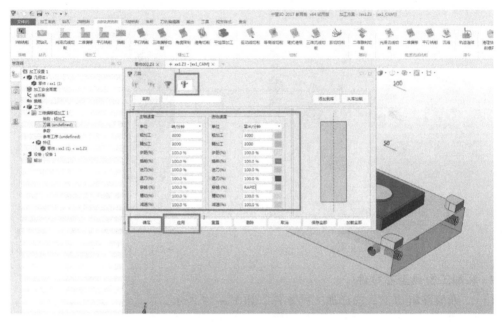

图4-16 刀具切削参数

4）双击【参数】，设置主要参数，【曲面余量】设为【0.2】，【Z方向余量】设为【0.1】，【下切步距】设为【0.5】，如图4-17所示。

图4-17 设置主要参数

5）设置限制参数，【顶部】为工件的最高点，圆形凸台上表面，如图4-18所示。

6）【底部】为型芯分型面，如图4-19所示。

7）计算加工路径，如图4-20所示。

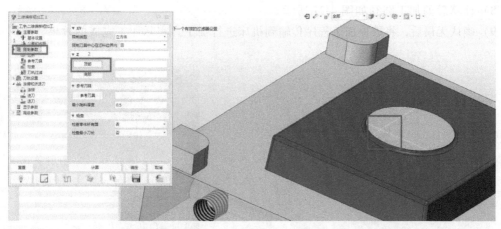

图 4-18　设置限制参数

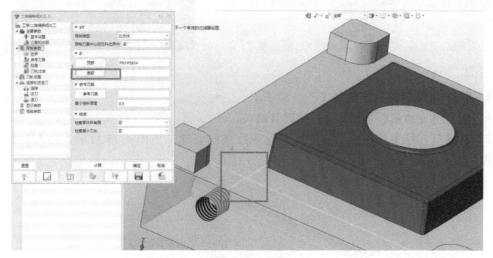

图 4-19　设置底部

图 4-20　计算加工路径

8）计算后的加工路径如图 4-21 所示。

9）确认无误后，将数控加工程序传输到机床进行加工。实际加工完成的效果，如图 4-22 所示。

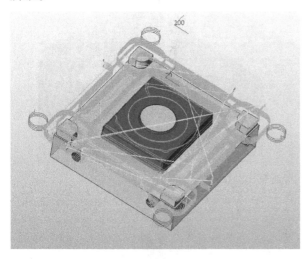

图 4-21　加工路径

图 4-22　实际加工完成的效果

5. 用 D10R0 刀具进行精加工

1）重复【二维偏移粗加工 1】的刀具路径。

2）选择【二维偏移粗加工 2】的刀具参数进行管理，如图 4-23 所示，将刀具修改为 D10R0，如图 4-24 所示。

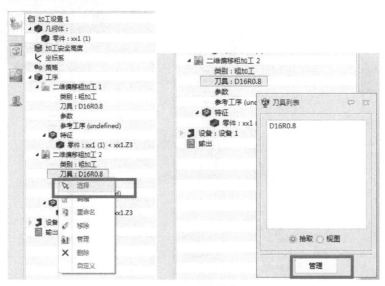

图 4-23　刀具参数管理

3）切削参数继承【二维偏移粗加工 1】，如图 4-25 所示。

4）设置加工参数【曲面余量】设为【0.02】，【Z 方向余量】设为【0】，【下切步距】设为【1】，如图 4-26 所示。

5）设置参数【边界】中的【铸件偏移】设为【0.1】，如图 4-27 所示。

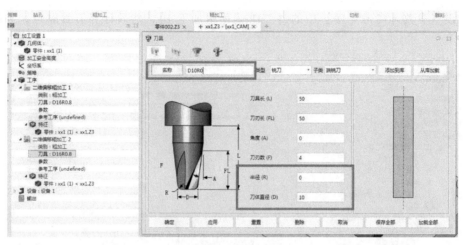

图 4-24　刀具参数修改

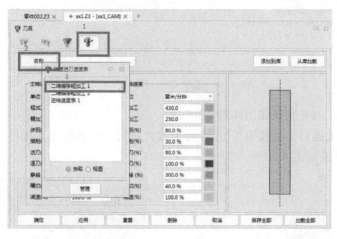

图 4-25　切削参数继承

图 4-26　设置加工参数

图 4-27　设置参数边界

6）设置参数【参考工序】中的【二维偏移粗加工1】，然后计算刀具路径，如图4-28所示。

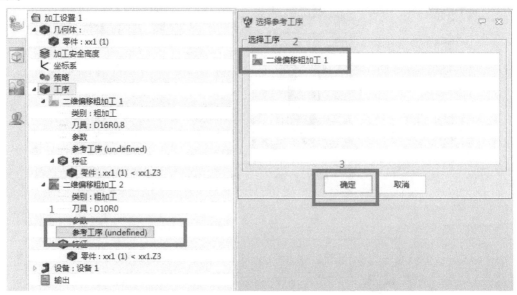

图4-28　设置参数【参考工序】

7）计算完后，刀具路径如图4-29所示。

8）检查确实无误后，更换D10R0刀具Z方向对刀，将数控加工程序传输到机床进行加工，实际的加工效果如图4-30所示。

图4-29　刀具路径

图4-30　实际的加工效果

6. 用D8R0.5刀具精加工侧壁

1）建立【等高线切削1】，选择【零件】，单击【确定】按钮，如图4-31所示。

2）更改刀具参数为【D8R0.5】，如图4-32所示。

3）切削参数继承【二维偏移粗加工1】，如图4-33所示。

4）设置主要参数，【曲面余量】设为【0.02】，【Z方向余量】设为【0.01】，【下切步距】设为【0.2】，如图4-34所示。

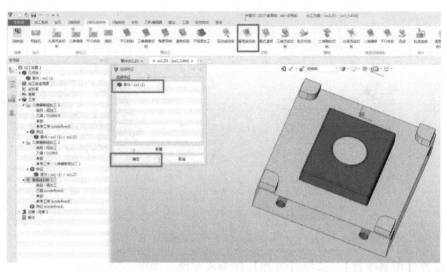

图 4-31　等高线切削

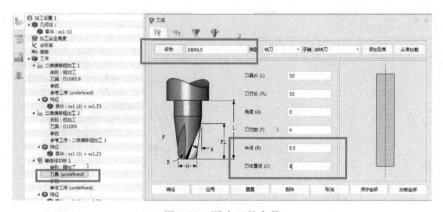

图 4-32　更改刀具参数

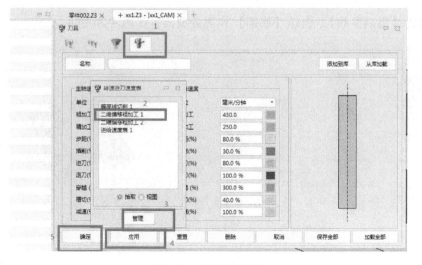

图 4-33　切削参数继承

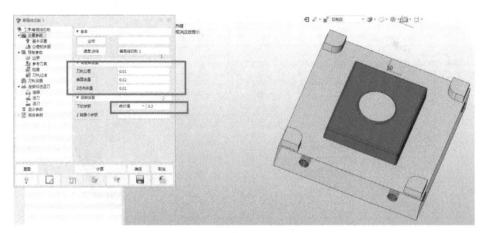

图 4-34　设置加工参数

5）设置【限制参数】，选择【顶部】作为成型面，如图 4-35 所示。

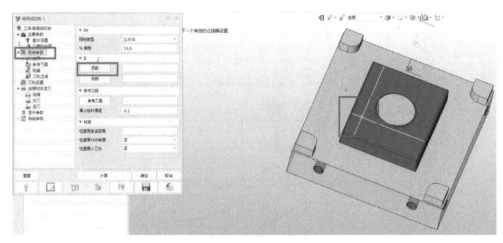

图 4-35　设置顶部

6）设置【限制参数】，选择【底部】作为分型面，如图 4-36 所示。

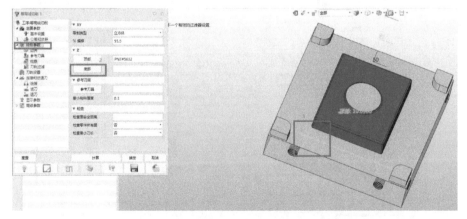

图 4-36　设置底部

7）计算刀具路径，如图 4-37 所示。

8）检查无误后，更换 D8R0.5 刀具 Z 方向对刀，将数控加工程序传输到机床进行加工。

7. D2R1 刀具进行清角加工（图 4-38）

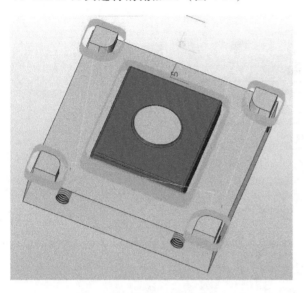

图 4-37　计算刀具路径

图 4-38　机床进行加工

1）新建【等高线切削】，选择【轮廓】，单击【确定】按钮，如图 4-39，拾取轮廓图 4-40 所示。

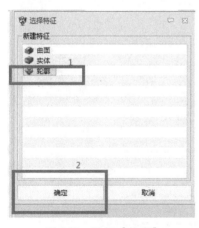

图 4-39　选择【轮廓】

图 4-40　拾取轮廓

2）设置刀具【D2R1】参数，如图 4-41 所示。

3）切削参数继承【二维偏移粗加工 1】，如图 4-42 所示。

4）设置加工参数【曲面余量】和【Z 方向余量】，设置【下切步距】为【0.05】，如图 4-43 所示。

5）【限制参数】中，【顶部】和【底部】的设置如图 4-44 和图 4-45 所示。

6）计算刀具路径，如图 4-46 所示。

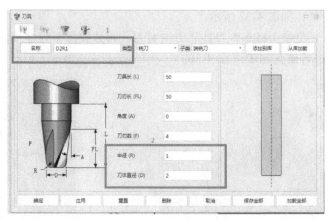

图 4-41　设置刀具参数

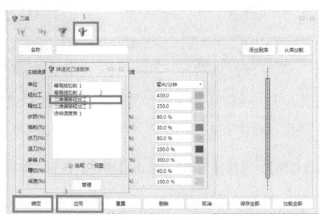

图 4-42　继承切削参数

图 4-43　设置加工参数

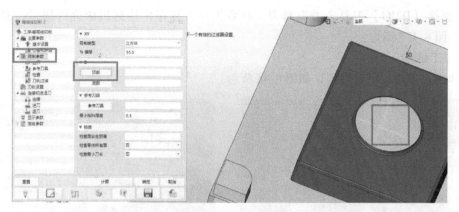

图 4-44　限制参数顶部

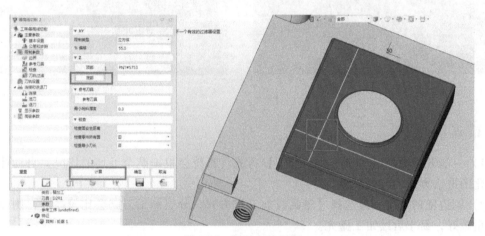

图 4-45　限制参数底部

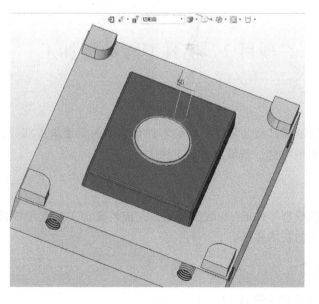

图 4-46　计算刀具路径

7) 更换【D2R1】刀具 Z 方向对刀，将数控加工程序传输到机床进行加工，实际的加工效果如图 4-47 所示。

8. 加工结束

拆卸型芯零件，清理毛刺，如图 4-48 所示。

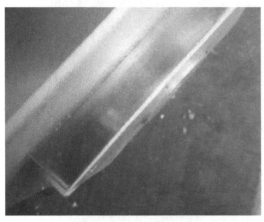
图 4-47 实际加工后效果

图 4-48 拆卸型芯零件

【重难点提示】

1) 一般开粗选择【二维偏移粗加工】方式，系统会根据剩余毛坯的情况，自动计算出最优化的进给方式，方便快捷。

2) 侧边壁的加工一般选择【等高线加工】方式，分层加工刀路会比较高效，侧面的表面质量较好，易于后续钳工抛光。

3) 用直径较大的刀具去除材料效率高，剩余细小的部分采用小刀具补加工或清角加工。

项目 2　模具型腔数控加工

【任务描述】

本项目是数控铣削模具型芯零件，型腔零件是成型的重要组成部分，零件的尺寸精度关乎着模具的塑件的成型质量，是最重要的工序之一。

【工作任务】

依据建立的型腔成型零件的 3D 数字模型，完成需要加工的成型零件数控加工程序编写的任务，并达到相应的技术要求。

【职业素养要求】

◆技能素养（同模块 4 项目 1）

◆专业素养（同模块 4 项目 1）

【任务分析】

根据型腔零件特征，首先制定型腔零件数控加工工艺：粗加工模具型芯零件→成型面侧壁精加工→精加工精定位侧壁→精加工型腔底面。

【任务指导书】

工艺步骤见表 4-2。

表 4-2　工艺步骤

序号	任务名称	任务内容
1	准备工作	1. 开启数控铣床，各轴回参考点，检查机床状态 2. 装夹工件，将型腔装配在机用平口钳上，并敲紧
2	装上分中棒并对刀	1. 安装分中棒并对刀 2. 安装 D10R0 刀具，Z 方向对刀，建立工件坐标系 3. 安装 D16R0.8 刀具，Z 方向对刀，准备开粗加工
3	计算机数字化型腔模型准备	1. 对 3D 数字模型进行简化，去掉不必要加工的地方 2. 沿 Z 方向移动坐标，确认跟机床建立工件坐标系的位置相一致 3. 沿 X、Y 方向旋转移动，确认跟机床工作台工件摆放的 X、Y 方向一致
4	粗加工模具型腔零件	1. 二维偏移粗加工，选择加工的零件 2. 设置刀具参数【D16R0.8】，确认与机床装夹使用的刀具一致 3. 双击【刀具】，设置刀具切削参数 4. 双击【参数】，设置主要参数 5. 设置限制参数，【顶部】为工件的最高点圆形凸台上表面，【底部】为型腔腔体底面 6. 设置同步加工层 7. 计算加工路径 8. 将数控加工程序传输到机床进行加工
5	侧壁精加工	1. 建立【等高线切削】的刀具路径 2. 设置刀具参数为【D6R3】 3. 切削参数继承【二维偏移粗加工 1】的刀具路径 4. 设置加工参数【曲面余量】和【Z 方向余量】，【下切步距】为【1】 5. 设置"同步加工层" 6. 计算刀具路径 7. D10R0 刀具 Z 方向对刀，将数控加工程序传输到机床进行加工
6	D8R0.5 刀具精加工精定位侧壁	1. 建立【等高线切削】，选择【零件】 2. 更改刀具参数为【D8R0.5】 3. 切削参数继承【二维偏移粗加工 1】 4. 设置曲面余量、Z 方向余量和下切步距 5. 设置【限制参数】，【顶部】为成型面 6. 设置【限制参数】，【底部】为分型面 7. 计算刀具路径 8. 更换 D8R0.5 刀具 Z 方向对刀，将数控加工程序传输到机床进行加工

模块 4　成型零件数控加工

（续）

序号	任务名称	任务内容
7	D6R0 刀具进行精加工型腔底面	1. 新建【等高线切削】,选择【轮廓】 2. 设置刀具参数【D6R0】 3. 设置切削参数 4. 设置曲面余量、Z 方向余量和下切步距 5. 设置【边界】-【铸件偏移】为【0.01】 6. 计算刀具路径 7. 将数控加工程序传输到机床进行加工
8	加工结束	结束后拆卸型腔零件,清理毛刺

【实施步骤】

1. 准备工作

1）启动数控铣床，各轴回参考点，检查机床状态。

2）装夹工件，将型腔装配在机用平口钳上，并敲紧，如图 4-49 所示。

2. 建立工件坐标系

1）装上分中棒并对刀，如图 4-50 所示。

2）安装 D10R0 刀具，Z 方向对刀，准备开粗加工，如图 4-51 所示。

图 4-49　装夹工件

图 4-50　装上分中棒并对刀

图 4-51　Z 方向对刀

3. 计算机数字化型腔模型准备

1）沿 Y、Z 方向旋转和移动，确认跟机床工作台工件摆放的 Z 方向一致，如图 4-52

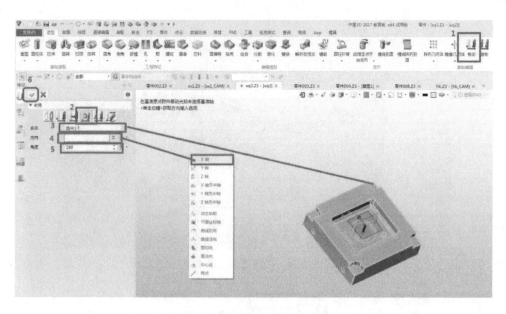

图 4-52　沿 Y、Z 方向旋转和移动

所示。

2）沿 X、Y 方向旋转和移动，确认跟机床工作台工件摆放的 X、Y 方向一致，如图 4-53 所示。

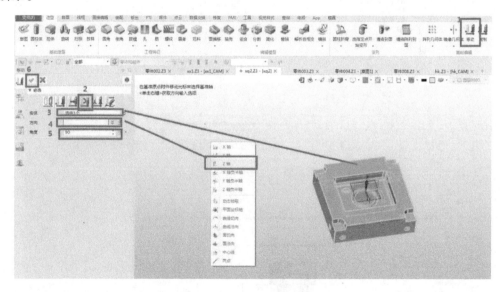

图 4-53　沿 X、Y 方向旋转和移动

3）在工作界面空白处右击，选择【加工方案】命令，如图 4-54 所示。

4. 粗加工模具型腔零件

1）二维偏移粗加工，选择加工的零件，如图 4-55 所示。

2）设置刀具参数【D10R0】，确认与机床装夹使用的刀具一致，如图 4-56 所示。

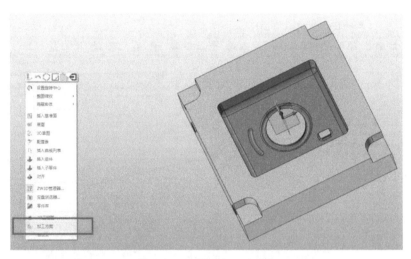

图 4-54　选择【加工方案】

图 4-55　二维偏移粗加工

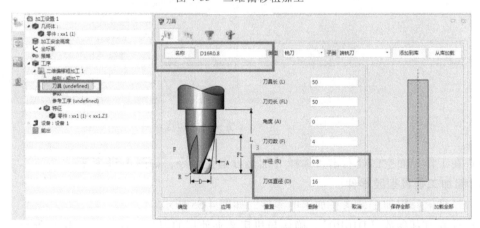

图 4-56　设置刀具参数

3）双击【刀具】，设置刀具切削参数，【粗加工】【精加工】的主轴转速设为【3000】，【粗加工】【精加工】的进给速度设为【3000】，如图 4-57 所示。

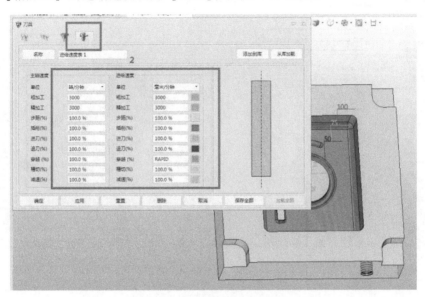

图 4-57　设置刀具切削参数

4）双击【参数】，设置主要参数，【曲面余量】设为【0.2】，【Z 方向余量】设为【0.1】，【下切步距】设为【0.5】，如图 4-58 所示。

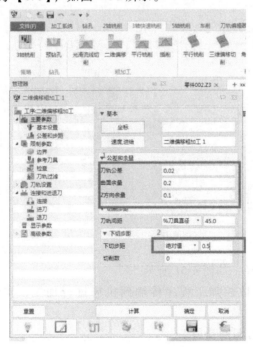

图 4-58　设置加工参数

5）设置限制参数，【顶部】为工件的上表面，【底部】为型腔腔体底面，如图 4-59 所示。

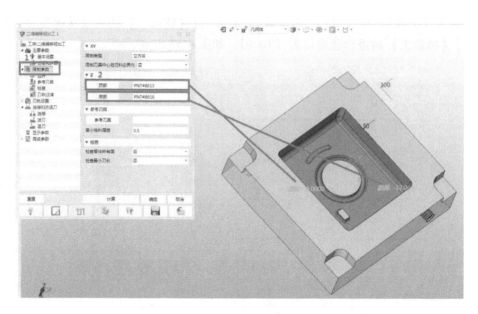

图 4-59　设置限制参数

6）设置同步加工层，如图 4-60 所示。

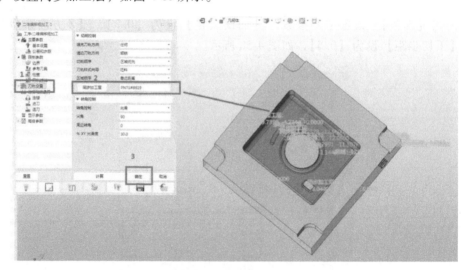

图 4-60　设置同步加工层

7）计算后的加工路径，如图 4-61 所示。

8）确认无误后，将数控加工程序传输到机床进行加工，实际的加工效果如图 4-62 所示。

5. 用 D6R3 刀具进行侧壁精加工

1）建立【等高线切削】的刀具路径，如图 4-63 所示。

2）设置刀具参数【D6R3】，如图 4-64 所示。

3）切削参数继承【二维偏移粗加工 1】，如图 4-65 所示。

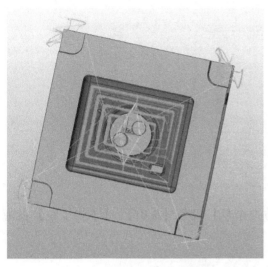

图 4-61　计算后的加工路径

图 4-62　实际的加工效果

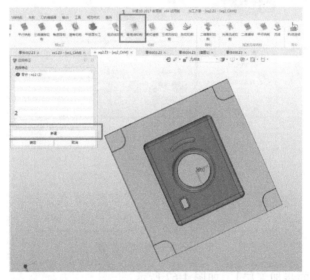

图 4-63　等高线切削

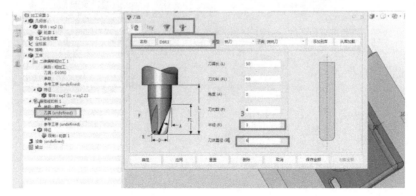

图 4-64　设置刀具参数

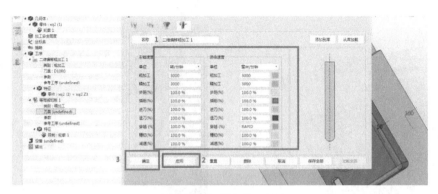

图 4-65　切削参数继承

4）设置【曲面余量】设为【0.02】，【Z方向余量】设为【0.01】，【下切步距】设为【0.2】，如图 4-66 所示。

图 4-66　设置加工参数

5）设置参数【同步加工层】，如图 4-67 所示。

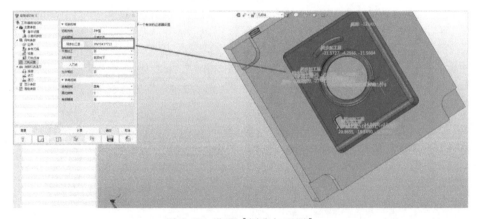

图 4-67　设置【同步加工层】

6）计算后的刀具路径如图 4-68 所示。

7）检查确认无误后，将数控加工程序传输到机床进行加工，实际的加工效果，如图 4-69 所示。

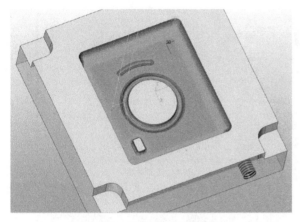

图 4-68　计算后的刀具路径

图 4-69　实际加工后的效果

6. 用 D8R0.5 刀具精加工精定位侧壁

1）建立【等高线切削】，选择加工区域，如图 4-70 所示。

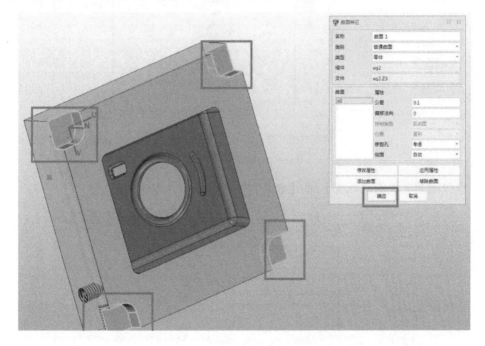

图 4-70　建立【等高线切削】

2）更改刀具参数为【D8R0.5】，如图 4-71 所示。

3）切削参数继承【二维偏移粗加工 1】，如图 4-72 所示。

4）设置【曲面余量】设为【0】，【Z 方向余量】设为【0】，【下切步距】设为【0.25】。

模块 4　成型零件数控加工

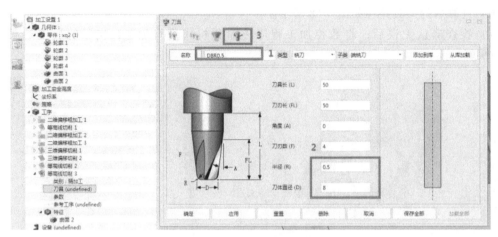

图 4-71　更改刀具参数

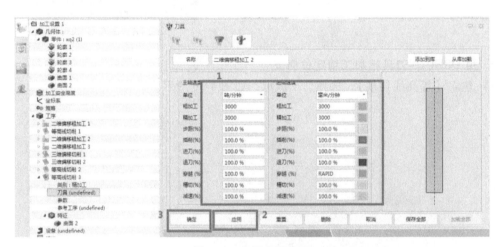

图 4-72　切削参数继承

5）设置限制参数的【顶部】和【底部】位置，如图 4-73 所示。

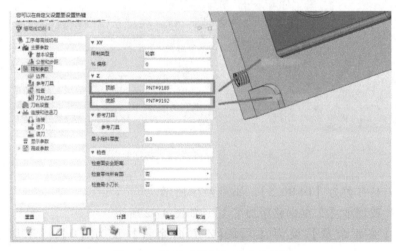

图 4-73　设置【顶部】和【底部】

6）设置【同步加工层】，如图 4-74 所示。

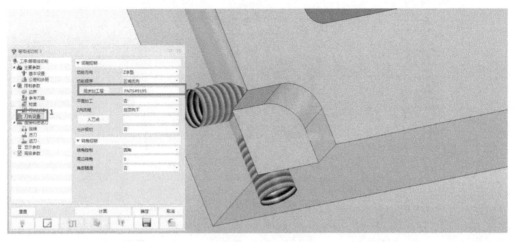

图 4-74　刀具路径

7）计算后刀具路径，如图 4-75 所示。

8）检查确认无误后，更换【D8R0.5】刀具 Z 方向对刀，将数控加工程序传输到机床进行加工，实际的加工效果如图 4-76 所示。

图 4-75　刀具路径

图 4-76　实际的加工效果

7. D6R0 刀具进行型腔底面精加工（图 4-77）

1）新建【二维偏移粗加工】。

2）设置刀具参数【D6R0】，如图 4-78 所示。

3）设置切削参数，如图 4-79 所示。

4）设置【曲面余量】设为【0.2】，【Z 方向余量】设为【0.01】，【下切步距】设为【1】，如图 4-80 所示。

5）设置【边界】-【铸件偏移】设为【0.1】，如图 4-81 所示。

图 4-77　Z 方向对刀

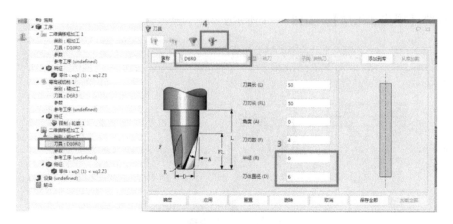

图 4-78　设置刀具参数

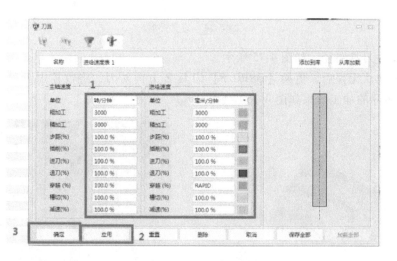

图 4-79　设置切削参数

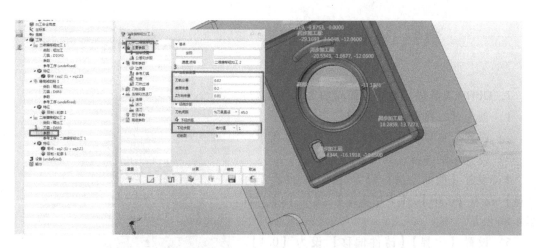

图 4-80　设置加工参数

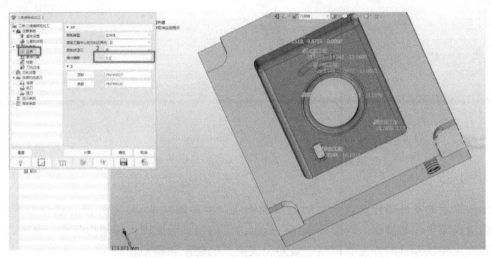

图 4-81　设置【边界】

6）计算后刀具路径，如图 4-82 所示。

7）将数控加工程序传输到机床进行加工，实际的加工效果，如图 4-83 所示。

图 4-82　计算刀具路径

图 4-83　实际的加工效果

8）加工结束。

拆卸型腔零件，清理毛刺，如图 4-84 所示。

【重难点提示】

1）底面精加工合理使用【二维偏移粗加工 2】的刀具参数进行管理，修改刀具；切削参数继承；设置参数灵活应用【参考工序】【逐铸件偏移】，可节省编程时间。

2）D8R0.5 刀具精加工侧壁时、D2R1 刀具进行清角加工时，灵活的设置限制参数也是提高加工效率的重要方式。

图 4-84　拆卸型腔零件

模块5 装配

【模块任务】

依据给定的零件图样及自行绘制的型腔镶块、型芯镶块的 2D 零件图，进行型腔镶块、型芯镶块成型零件的修配、研磨等操作；依据给定的模具装配图、模架拆卸件、紧固件及其他标准件，完成模具的修配、调整，最终完成模具的装配和调整任务。

【安全操作规程】

1) 学员除应遵守本安全规程外，还应遵守同类数控机床的安全规程。

2) 学员必须全面掌握本赛项所用机床操作说明书的内容，熟悉所用机床的一般性能和结构，禁止超性能使用。

3) 在排除电气故障时，须遵守电工安全操作的相关规定，安全操作机床。

4) 在电气连接及故障排除时须穿绝缘鞋。

5) 正确使用各测量工具，防止碰摔事故的发生。

6) 使用工具时，应将手上的油汗擦拭干净，防止因滑动而失去控制，引发事故。

7) 拆装刀具自动松夹结构时，不得用铁锤敲打，应用木锤、橡皮锤、纯铜锤或使用专用装配工具进行操作。

8) 保持机床部件上各外露件（如螺钉、销、标牌、轴头及法兰等）均应整齐完好，不允许有损伤现象，以确保设备良好。

9) 机床运转前，应检查工作台、导轨上有无铁屑及其他污物以及遗漏的零件和工具等多余物品。

10) 安装刀具时，应注意刀具的使用顺序和安放位置与程序要求的顺序和安放位置是否一致。

11) 必须熟悉机床的安全保护措施和安全操作规程，随时监控显示屏，当发现报警信号时，及时判断报警内容并排除相应的故障。

12) 注意保持机床控制系统的清洁。

13) 竞赛时严禁在工作台上敲打工件，必须确认试件和刀具被夹紧后，方可进行下步工作。

14) 选手在工作时更换刀具、工件，调整工件或离开机床时必须停机。

15) 选手不得任意拆卸和移动机床上的安全防护装置。

16) 开始加工试件前，必须采用程序校验方式检查所用程序与选用刀具是否相符，待确定无误后，方可开动机床进行试件的加工。

17) 机床附件和量具、刀具应妥善保管，保持完整与良好，丢失应赔偿。

18）竞赛完毕后应清扫机床，保持清洁，将工作台移至中间位置，并切断机床电源。

19）机床在工作中发生异常故障现象时，应立即停机，保持现场，同时应立即报告现场负责人。

20）为保证竞赛安全，参赛选手须按职业规范统一着装。女选手严禁穿高跟鞋进入竞赛场地，并须戴工作帽。

21）试件、工具、工装等要整齐摆放在钳工工作台上，应用橡胶、木板或塑料板垫好，不得放在工位地面上，以防绊倒和碰伤。

项目1　顶杆、拉料杆、浇口套的修整

【任务描述】

顶杆的作用是把成型的零件从模具的型腔里顶出，使其脱离模具。拉料杆的作用是在模具开模时，主流道凝料在拉料杆的作用下，从定模浇口套中被拉出，随后推出机构将塑件和凝料一起推出模外。浇口套是注射机与模具连接的连接点，流体流入型腔的主流道。

【工作任务】

本套模具为了方便采用钩形拉料杆；顶出位置设置为平面，方便顶杆的顶出和加工；修整浇口套长度可比型腔面低 3~5mm。

【职业素养要求】

◆技能素养

1. 能够熟练进行顶杆、拉料杆的装配以及浇口套的装配。

2. 能够准确测量和修配顶杆、拉料杆、浇口套。

◆专业素养

1. 能够按照 7S 管理标准，维护工作现场环境；养成良好的职业道德、安全规范、责任意识、风险意识等素养。

2. 具有质量意识兼顾效率观念；具备在一定压力下工作不受外界影响的稳定的心理素质。

3. 具备良好的协作沟通能力。

4. 引导学生训练精益求精的大师精神以及从事相应的生产的敬业精神。

【任务分析】

拉料杆头部的钩形可将主浇道凝料钩住，开模时将其从主浇道中拔出。因为拉料杆的尾部是固定在模具推杆固定板上，所以在塑件推出的同时，凝料也被推出。这种钩形拉料杆只适用于塑件的脱模时允许左右移动的模具中，有的塑件在脱模时不能够左右移动，故不能采用这种钩形拉料杆。

【任务指导书】

工艺步骤见表 5-1。

表 5-1　工艺步骤

序号	任务名称	任务内容
1	顶杆的修整	1. 测量顶出面到顶杆固定板之间的距离,即顶杆应修整的理论长度 2. 顶杆划线 3. 切割顶杆并修整到大约长度 4. 装入型芯中修整到正常长度
2	拉料杆的修整	1. 切割拉料杆,使其比顶杆长度短 3~5mm 2. 切割机修整出拉料杆头部的钩形
3	浇口套的修整	1. 装入浇口套,测量浇口套高出型腔面的高度 2. 修整浇口套的高度,使其比型腔面低 3~5mm

【实施步骤】

1. 顶杆的修整（图 5-1）

1）测量顶出面到顶杆固定板之间的距离，即顶杆应修整的理论长度。

2）顶杆划线。

3）切割顶杆并修整到大约长度。

4）装入型芯中修整到正常长度。

2. 拉料杆的修整

1）切割拉料杆，使其比顶杆长度短 3~5mm。

2）切割机修整出拉料杆头部的钩形。

3. 浇口套的修整

1）装入浇口套，测量浇口套高出型腔面的高度。

图 5-1　顶杆修整

2）修整浇口套的高度，使其比型腔面低 3~5mm。

【重难点提示】

1）顶杆修整的高度可以在型芯抛光时一起推平，可使制件尤其是透明件的外形更加美观。

2）拉料杆的钩形为了方便顶出时脱模，在修整时无须修得太深，但要保证是倒扣形，开模时确保拉住浇注部分并使塑件留在型芯侧。

3）浇口套的修整要确保凝料在通过浇口套时可以顺畅地进入流道，还要保证好脱模。

项目 2　模具型腔、型芯零件的研配

【任务描述】

模具研配是模具装配工艺中的重要环节，直接影响模具能否试模和试模时打出的制件的质量。传统研配工艺的环节主要是修配插穿面、修配碰穿面。由于重复研配中的修配量不好掌握，对钳工的技术水平要求较高，如定位插穿面修配量过大会导致成型的塑料制件因型腔和型芯不重合出现扭曲，碰穿面修配量过大会导致塑料制件出现飞边的缺陷，严重时导致工件报废，所以型腔、型芯零件研配是一项重要的内容。

【工作任务】

将型芯镶块、型腔镶块进行研配，使研配的红丹结合面达到 70 % 以上。

【职业素养要求】

◆技能素养

1. 掌握精定位研配技巧，会根据研配情况进行精确修配。

2. 掌握碰穿面、分型面的研配技巧，会根据研配情况进行精确修配。

◆专业素养（同模块 5 项目 1）

【任务分析】

将型芯镶块的表面均匀地涂上红丹后，将配对的型腔配入，并用铜棒敲实后，拔出后检查红丹粉的面积（斑点面积）占整个接触面积的百分比，按照百分比的不同确定等级，同时刮研高点，调整装配精度。

【任务指导书】

工艺步骤见表 5-2。

表 5-2　工艺步骤

序号	任务名称	任务内容
1	模具型腔、型芯零件准备工作	型腔、型芯清理毛刺
2	精定位研配	1. 型芯精定位部分涂红丹 2. 精定位研配 3. 观察型腔精定位沾红丹的情况，视情况进行修整 4. 直至四个精定位面全部贴合
3	碰穿面、分型面研配	1. 型芯分型面、成型面均匀涂红丹 2. 型腔、型芯研配 3. 观察型腔分型面、碰穿面沾红丹的情况，视情况进行修整 4. 直至分型面、碰穿面和精定位全部贴合

模块 5　装配

【实施步骤】

1. 模具型腔、型芯零件准备工作

型腔、型芯清理毛刺。

2. 精定位研配

1）型芯精定位部分涂红丹，如图 5-2 所示。

2）精定位研配。

3）观察型腔精定位沾红丹的情况，视情况进行修整。

4）直至四个精定位面全部贴合，如图 5-3 所示。

图 5-2　型芯精定位部分涂红丹

图 5-3　精定位研配

3. 碰穿面、分型面研配

1）型芯分型面、成型面均匀涂红丹，如图 5-4 所示。

2）型腔、型芯研配。

3）观察型腔分型面、碰穿面沾红丹的情况，视情况进行修整。

4）直至分型面、碰穿面和精定位全部贴合，如图 5-5 所示。

图 5-4　涂红丹

图 5-5　型腔、型芯研配

【重难点提示】

盒盖模具传统研配工艺主要分为以下几步：

1）模具的型腔、型芯在数控机床上加工完成以后，把加工完毕的型腔和型芯放到钳工工作台上，将型芯需要碰穿、插穿部分涂上红丹进行研配。

2）研配时发现定位插穿面余量过大，导致分型面未碰穿，使用气动工具、锉刀、油石等工具进行修配。型芯涂上红丹，型腔哪里碰上红丹说明哪里余量大，反复修配型腔部分带有红丹的地方。

3）修配定位插穿面之后，再一次进行型芯与型腔的研配。如果发现碰穿面上沾有红丹，说明碰穿面余量过大导致分型面未碰穿。

4）反复修配碰穿面。两个碰穿面的轮廓是封料的地方，用油石或其他工具修配时要格外小心，防止把碰穿面修斜导致无法封料等。因此在修配的过程中要反复试配，根据红丹的变化进行修配。

5）反复修配直至完成碰穿。修配时做到分型面碰穿、碰穿面碰穿、定位插穿面碰穿、中间面碰穿。

项目3　模具定模部分装配

【任务描述】

模具装配是模具制造过程中的关键环节，也是体现模具工技术能力的标志。模具装配是指将分别加工达到要求的模具零件组合、连接起来，成为一套与规定技术要求相符合的合格模具的过程。模具的质量和寿命不仅与模具零件的加工质量有关，更与模具的装配质量有关。

模具的装配工艺过程包括组装、部装、总装、试模和修模等阶段。在组装、部装，尤其在总装（主要指动定模装配）过程中，往往需要经过反复装拆、调整、修配，才能试模合格。

【工作任务】

通过使用手工工具熟练将模具的定模部分装配在一起。定模部分的模架和工具如图5-6所示。

【职业素养要求】

◆技能素养

1. 具备使用手工工具熟练拆装定模的能力。

2. 在定模装配过程中，能确保部

图5-6　准备模架和工具

件装配的准确和可靠。

◆专业素养（同模块5项目1）

【任务分析】

定模部分装配主要是定位圈、浇口套、定模座板、定模板、导套和型腔镶块的装配，装配时要按照定模装配的重难点提示进行。

【任务指导书】

工艺步骤见表5-3。

表5-3　工艺步骤

序号	任务名称	任务内容
1	模具型腔装入定模模架	1. 清理定模模架和型腔零件 2. 按照装配图的方向，将型腔零件装入定模模架 3. 用螺钉紧固型腔和定模板
2	装入浇口套	1. 按照装配图的位置和方向要求，将定模板和定模座板放到一起 2. 将浇口套穿过定模板装入型腔中 3. 用四个内六角螺钉顶固定模板和定模座板 4. 将浇口套放至底部，检查浇口套底部到型腔面的距离，保证塑胶顺利流入流道

【实施步骤】

1. 模具型腔装入定模模架

1）清理定模模架和型腔零件，如图5-7所示。

图5-7　清理定模模架和型腔

2）按照装配图的方向，将型腔零件装入定模模架，如图5-8所示。

3）用螺钉紧固型腔和定模板，如图5-9所示。

2. 装入浇口套

1）按照装配图的位置和方向要求，将定模板和定模座板放到一起。

2）将浇口套穿过定模板装入型腔中，如图5-10所示。

图 5-8　把型腔放入模架

图 5-9　螺钉紧固

图 5-10　装入浇口套

3）用四个内六角螺钉顶固定模板和定模座板，如图 5-11 所示。

4）将浇口套放至底部，检查浇口套底部到型腔面的距离，保证塑胶顺利流入流道，如图 5-12 所示。

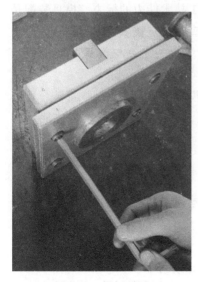

图 5-11　螺钉顶固

图 5-12　垫铝块砸紧浇口套

【重难点提示】

注射模具在装配前，模具工应仔细分析产品图样并检查样件，熟悉模具结构和装配要求。若有不明之处或发现模具结构问题，必须及时反馈给设计者。在装配之前，模具工应根据模具结构特点和技术要求确定最合理的装配顺序和装配方法。

在实施具体装配操作前，模具工应清楚模具零部件明细清单，及时跟踪模具零部件加工进度和加工质量。若发现模具零部件加工进度和加工质量问题，须及时反馈给相关人员。

装配模具前，钳工必须对模具零部件进行测量检验，确保模具零部件符合图样要求，零件间的配合合适。合格零件可进行装配，发现不合格零件，必须及时反馈给相关人员。

1) 装配前，应按照模具图样上的工艺要求对写件进行倒角等工作，未注倒角为 C1。
2) 装配前，必须清洗镶件及模板。
3) 装配前，应确认模具定模部分的所有零件达到图样要求。
4) 用铜棒轻轻将导套装入定模板内。
5) 用铜棒轻轻将型腔镶块装到定模板内。
6) 将定模板与定模座板对齐，用铜棒将浇口套装好。
7) 用螺钉将定模板与定模座板固定在一起。
8) 用螺钉将定位圈固定在定模座板上。

项目4　模具动模部分装配

【任务描述】

模具装配是模具制造过程中的关键环节，也是体现模具工技术能力的标志。模具装配是指将分别加工达到要求的模具零件组合、连接起来，成为一套与规定技术要求相符合的合格模具的过程。模具的质量和寿命不仅与模具零件的加工质量有关，更与模具的装配质量有关。

模具的装配工艺过程包括组装、部装、总装、试模和修模等阶段。在组装、部装，尤其在总装（主要指动定模装配）过程中，往往需要经过反复装拆、调整、修配，才能试模合格。

【工作任务】

通过使用手工工具熟练将模具的动模部分装配在一起。动模部分的零件如图5-13所示。
◆技能素养
1. 具备使用手工工具熟练拆装动模的能力。
2. 在模具装配过程中，能确保部件装配准确，活动部件运动可靠。
◆专业素养（同模块5项目1）

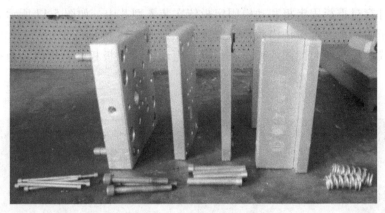

图 5-13　准备模架

【任务分析】

动模部分装配主要由是动模座板、垫块、推板、推板固定板、动模固定板和型腔镶块的装配，装配时要按照动模装配的重难点提示进行。

【任务指导书】

工艺步骤见表 5-4。

表 5-4　工艺步骤

序号	任务名称	任务内容
1	模具型芯装入动模模架	1. 清理动模模架和型芯零件 2. 按照装配图的方向，将型芯零件装入动模模架 3. 用螺钉紧固型芯和动模板
2	装入推板固定板及零件	1. 按照装配图的位置和方向要求，将推板固定板和动模板放到一起 2. 将复位杆穿过推板固定板和弹簧装入动模板中 3. 将拉料杆穿过推板固定板和动模固定板装入型芯中 4. 将顶杆穿过推板固定板和动模固定板依次装入型芯中 5. 将推板固定板和推板用内六角螺钉紧固 6. 将动模座板按照装配图的要求和位置，与动模固定板相连，用内六角螺钉紧固

【实施步骤】

1. 模具型芯装入动模模架

1）清理动模模架和型芯零件。

2）按照装配图的方向，将型芯零件装入动模模架，如图 5-14 所示。

3）用螺钉紧固型芯和动模板，如图 5-15 所示。

2. 装入推板固定板及零件

1）按照装配图的位置和方向要求，将推板固定板和动模板放到一起。

2）将复位杆穿过推板固定板和弹簧装入动模板中。如图 5-16 所示。

3）将拉料杆穿过推板固定板和动模固定板装入型芯中。

模块5　装配

147

4）将顶杆穿过推板固定板和动模固定板依次装入型芯中，如图 5-17 所示。

5）将推板固定板和推板用内六角螺钉紧固，如图 5-18 所示。

6）将动模座板按照装配图的要求和位置，与动模固定板相连，用内六角螺钉紧固，如图 5-19 所示。

图 5-14　把型芯零件放入模架

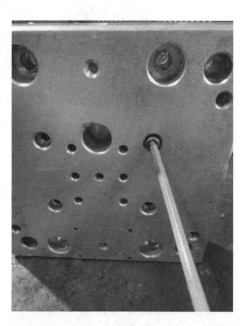

图 5-15　用螺钉紧固

图 5-16　插入复位杆

图 5-17　插入顶杆

图 5-18　上紧螺丝

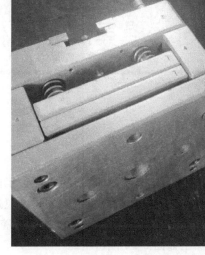

图 5-19　用螺钉紧固

【重难点提示】

　　注射模具装配前，模具工应仔细分析产品图样并检查样件，熟悉模具结构和装配要求。若有不明之处或发现模具结构问题，必须及时反馈给设计者。在装配之前，模具工应根据模具结构特点和技术要求确定最合理的装配顺序和装配方法。

　　在实施具体装配操作前，模具工应清楚模具零部件明细清单，及时跟踪模具零部件加工进度和加工质量。若发现模具零部件加工进度和加工质量问题，须及时反馈给相关人员。

　　装配模具前，钳工必须对模具零部件进行测量检验，确保模具零部件符合图样要求，零件间的配合合适。合格零件可进行装配，发现不合格零件，必须及时反馈给相关人员。

　　1）装配前，应按照模具图样上的工艺要求对零件进行倒角或去飞边，未注倒角为 $C1$。

　　2）装配前，必须清洗镶件及模板。

　　3）装配前，应确认模具动模部分的所有零件达到图样要求。

　　4）用铜棒将导柱轻轻敲入动模板内。

　　5）用铜棒轻轻将内型芯安装到动模型芯内部。

　　6）用铜棒轻轻将动模型芯安装到动模板内。

　　7）将支承板和动模板对齐。

　　8）将推杆固定板放在支承板后方。

　　9）将推杆、拉料杆、复位杆和推块装入推杆固定板。

　　10）用内六角圆柱头螺钉将推块、推板和推杆圆定板固定在一起。

　　11）用内六角圆柱头螺钉将动模座板和垫块固定在一起。

　　12）用内六角圆柱头螺钉将模具的动模部分固定在一起。

模块5　装配

模块6 模具成型零件抛光

【模块任务】

模具抛光一般先使用粗油石对机械加工的模具型腔表面进行粗打磨，去除机加刀具的刀痕，再使用细油石打磨去除粗油石的打磨痕迹，然后用细砂纸对细油石打磨过的表面进行打磨，最后使用抛光膏或研磨膏对模具的型腔表面进行精抛光打磨，最后达到光亮如镜的效果。抛光加工如图6-1所示。

随着塑料制品和光学制品的广泛应用，对模具抛光的要求越来越高，甚至要达到镜面的程度。模具抛光主要有以下意义：

1）可以增加工件的美观程度。

2）能够改善磨具材料的表面性能，增强耐磨性和耐蚀性。

图 6-1 抛光加工

3）能够提高模具合模面的精度，防止出现毛边。

4）能够减少树脂流动的阻力，提高加工效率。

5）能使塑料制品易于脱模，缩短生产周期。

本模块任务是对模具型腔零件、型芯零件进行抛光加工。

项目 模具主要成型零件抛光

【任务描述】

在模具制造过程中，模具的成型部位往往需要进行表面抛光处理。掌握抛光技术，可提高模具质量，延长模具寿命，进而提高产品质量。

模具抛光通常使用油石条、羊毛轮、砂纸等，使材料表面发生塑性变形而去掉工件表面凸起部位，得到平滑面，一般以手工操作为主。对于表面质量要求较高的模具成型零件可采用研磨膏研抛的方法。研磨膏研抛是采用特制的磨具，将含有磨料的研抛膏紧压在工件被加工表面上，使工件做高速旋转运动。抛光可使工件表面粗糙度值达到 $Ra0.008\mu m$，即镜面效果如图6-2所示。

图 6-2 工件表面的镜面效果

【工作任务】

参照面盖塑料制件进行造型设计，根据面盖注射模、型腔镶块水路及螺纹孔布置图、型芯镶块水路及螺纹孔布置图的表面粗糙度要求，对数控铣削加工完的型腔镶块和型芯镶块进行抛光。

材料准备：数控铣削加工完的型腔镶块、型芯镶块如图 6-3 和图 6-4 所示。

图 6-3　准备型腔

图 6-4　准备型芯

工、量、刀具准备：

1）油石：240#，400#，600#，800#。

2）砂纸：400#，600#，800#。

3）研磨膏：1#（白色），3#（黄色），4.5#（橙色）。

4）绒毡轮：圆柱形，圆锥形，方形尖嘴。

5）锉刀：圆锉，扁锉，三角锉及其他形状的锉刀。

6）钻石磨针：一般为 3/32 柄或 1/8 柄，有圆波形，圆柱形，长直柱形，长圆锥形。

7）橡胶头：圆柱形，圆锥形，方形尖嘴。

8）竹片：各式形状适合操作者或根据模具形状制造，作用是压着砂纸，在工件上研磨，达到所需表面质量要求。

9）纤维油石：200#（黑色），400#（蓝色），600#（白色）。

10）棉纱，脱脂棉，清洗剂，气动圆转动打磨机；往复式抛光机。

【职业素养要求】

◆ 技能素养

1. 能够根据图样要求，合理选择油石、砂纸、研磨膏的规格并按顺序抛光。

2. 熟练掌握油石、砂纸、研磨膏的抛光方法。

3. 会根据型面的变化程度，合理选择抛光工具及抛光方法。

模块 6　模具成型零件抛光

◆专业素养

1. 能够按照 7S 管理标准，维护工作现场环境；养成良好的职业道德、安全规范、责任意识、风险意识等素养。

2. 具有质量意识兼顾效率观念；具备在一定压力下工作不受外界影响的稳定的心理素质。

3. 具备良好的协作沟通能力。

4. 引导学生训练精益求精的大师精神以及从事相应的生产的敬业精神。

【任务分析】

确定型腔、型芯的抛光顺序：油石→砂纸→研磨膏。

根据表面质量要求，考虑数控铣削加工的表面质量兼顾抛光效率确定依次使用油石的型号为：240#，400#，600#，800#；依次使用砂纸的型号为：400#，600#，800#；依次使用的研磨膏的型号为：4.5#（橙色），3#（黄色），1#（白色）。

在抛光型腔时，如果一些窄小的面油石无法通过，可用砂轮把油石磨窄后再进行抛光。

【任务指导书】

工艺步骤见表 6-1。

表 6-1　工艺步骤

序号	任务名称	任务内容
1	型腔抛光	1. 粗抛光 1）用 240#油石抛光，均匀覆盖型腔成型面 2）用 400#油石与 240#油石纹路成 45°方向抛光，均匀覆盖型腔成型面 3）用 600#油石与 400#油石纹路成 45°方向抛光，均匀覆盖型腔成型面 4）用 800#油石与 600#油石纹路成 45°方向抛光，均匀覆盖型腔成型面 2. 半精抛光 1）用 400#砂纸抛光，均匀覆盖型腔成型面，清洁型腔 2）用 600#砂纸与 400#砂纸纹路成 45°方向抛光，均匀覆盖型腔成型面，清洁型腔 3）用 800#砂纸与 600#砂纸纹路成 45°方向抛光，均匀覆盖型腔成型面，清洁型腔 3. 精抛光 1）用 4.5#研磨膏均匀覆盖型腔成型面，清洁型腔 2）用 3#研磨膏均匀覆盖型腔成型面，清洁型腔 3）用 1#研磨膏均匀覆盖型腔成型面，用棉纱均匀测出型腔成型面，清洁型腔
2	型芯抛光	1. 粗抛光 1）用 240#油石抛光，均匀覆盖型芯成型面 2）用 400#油石与 240#油石纹路成 45°方向抛光，均匀覆盖型芯成型面 3）用 600#油石与 400#油石纹路成 45°方向抛光，均匀覆盖型芯成型面 4）用 800#油石与 600#油石纹路成 45°方向抛光，均匀覆盖型芯成型面 2. 半精抛光 1）用 400#砂纸抛光，均匀覆盖型芯成型面，清洁芯腔 2）用 600#砂纸与 400#砂纸纹路成 45°方向抛光，均匀覆盖型芯成型面，清洁型芯 3）用 800#砂纸与 400#砂纸纹路成 45°方向抛光，均匀覆盖型芯成型面，清洁型芯 3. 精抛光 1）用 4.5#研磨膏均匀覆盖型芯成型面，清洁型芯 2）用 3#研磨膏均匀覆盖型芯成型面，清洁型芯 3）用 1#研磨膏均匀覆盖型芯成型面，用棉纱均匀测出型芯成型面，清洁型芯

【实施步骤】

1. 型腔抛光

（1）粗抛光　手持油石对型腔进行研磨。研磨时，条状油石加煤油作为润滑剂或冷却剂。抛光时前后推拉油石，用力不要太大，力道均匀平缓，拉动油石柄时，应尽量放平，不要超出 25°，若因斜度太大，力由上向下冲，易导致在工件上抛出很多粗纹。

油石使用顺序为 240#→400#→600#→800#。

1）用 240#油石将型腔成型表面覆盖一遍，如图 6-5 所示，得到均匀的纹路，喷清洗剂洗掉铁屑。

2）使用 400#油石与 240#油石的纹路成 45°方向抛光，如图 6-6 所示，直至获得均匀的纹路，喷清洗剂洗掉铁屑。

图 6-5　去刀路

图 6-6　用 400#油石抛光

3）使用 600#油石与 400#油石的纹路成 45°方向研磨，然后换 800#油石，直到得到均匀的纹路，喷清洗剂洗掉铁屑。

（2）半精抛光　半精抛光主要使用砂纸和煤油。使砂纸抛光在转换砂号级别时，工件和操作者的双手必须清洗干净，避免将粗砂粒带到下一级较细的打磨操作中。用砂纸抛光需要利用软的木棒或竹棒。在抛光圆面或球面时，使用软木棒可更好的配合圆面和球面的弧度；较硬的木条如樱桃木，更适用于平整表面的抛光。修整木条的末端使其能与钢件表面形状保持吻合，这样可以避免木条（或竹条）的锐角接触钢件表面而造成较深的划痕。

使用软木棒或竹条压着砂纸抛光，砂纸尺寸不应大过工件面积，否则会研到不应研的地方。

在进行每一道打磨工序时，砂纸应沿 45°方向打磨，直至消除上一级的砂纹，当上一级的砂纹清除后，必须再延长 25%的打磨时间，才可更换更细的砂纸进行下一道研磨工序。

打磨时变换不同的方向可避免工件表面产生波浪。

砂纸的号数依次为：400#→600#→800#。

1）用 400#砂纸将型腔成型表面的底面覆盖一遍，如图 6-7 所示，得到均匀的纹路，喷清洗剂，洗掉铁屑，用脱脂棉擦净手。

2）用气动工具安装 400#砂纸卷，对型腔侧壁研磨（卷砂纸方法：在气动圆转动打磨机安装上长圆锥形钻石磨针；修剪砂纸尺寸，使其长度为 25mm，宽度为 20mm，把砂纸宽度为 20mm 的边对齐圆锥形钻石磨针，并沿着圆锥形钻石磨针的径向宽度方向卷紧，用 502 胶水黏住），直到型腔侧壁纹路均匀，而后喷清洗剂，洗掉铁屑，用脱脂棉擦干净手指。

3）使用 600#砂纸与 400#砂纸的纹路成 45°方向研磨，直至获得均匀的纹路，喷清洗剂，洗掉铁屑，用脱脂棉擦干净手指。

4）用气动工具安装 600#砂纸卷对型腔侧壁研磨，直到型腔侧壁纹路均匀，喷清洗剂，洗掉铁屑，用脱脂棉擦干净手指。

图 6-7　把所有纹路顺起来

5）使用 800#砂纸与 600#砂纸的纹路成 45°方向研磨，直至获得均匀的纹路，喷清洗剂，洗掉铁屑，用脱脂棉擦干净手指。

6）用气动工具安装 800#砂纸卷对型腔侧壁研磨，直至获得均匀的纹路，喷清洗剂，洗掉铁屑，用脱脂棉擦干净手指。

（3）精抛光　精抛光主要使用研磨膏。使用研磨膏抛光时，清洁过程同样重要。在进行抛光之前，确保所有颗粒和煤油都干净；使用研磨膏精抛光时需要在较轻的压力下进行，特别是抛光预硬钢件和用细研磨膏抛光时，在抛光过程中不仅要求工作表面洁净，而且操作者的双手也必须仔细清洁；要做到每次抛光时间不应过长，时间越短，效果越好；当抛光过程停止时，保证工件表面洁净和仔细去除所有研磨剂和润滑剂，随后应在工件表面喷淋一层模具防锈涂层。

研磨膏的号数依次为：4.5#→3#→1#。研磨膏抛光如图 6-8 所示。

1）在型腔底部及侧面挤入长度为 1mm 的 4.5#研磨膏，用气动工具安装新羊毛毡对型腔底部及侧面进行研磨，直至光泽均匀。喷清洗剂，洗掉铁屑，用脱脂棉擦干净手指。

2）在型腔底部及侧面挤入长度为 1mm 的 3#研磨膏，用气动工具安装新羊毛毡对型腔底部及侧面研磨，直至光泽均匀。喷清洗剂，洗掉铁屑，用脱脂棉擦干净手指。

3）在型腔底部及侧面挤入长度为 1mm 的 1#研磨膏，用气动工具安装新羊毛毡对型腔底部及侧面研磨，直至光泽均匀。用棉纱沿着一个方向擦拭型腔底部及侧面。喷清洗剂，洗掉铁屑。研磨膏抛光结束，效果如图 6-9 所示。

4）擦拭完毕，即型腔抛光完毕。

2. 型芯抛光

（1）粗抛光　型芯粗抛光油石的使用顺序为：240#→400#→600#→800#。

1）先用 240#油石将型芯成型表面全抛光一遍，如图 6-10 所示，得到均匀的纹路，喷清洗剂，洗掉铁屑。

2）使用 400#油石与 240#油石的纹路成 45°方向研磨，如图 6-11 所示，直至获得均匀的纹路，喷清洗剂，洗掉铁屑。

图 6-8　用研磨膏抛光

图 6-9　研磨膏抛光效果

图 6-10　抛光去除刀路痕迹

图 6-11　400#油石研磨

3）使用 600#油石与 400#油石的纹路成 45°方向研磨，直至获得均匀的纹路，喷清洗剂，洗掉铁屑。

4）使用 800#油石与 600#油石的纹路成 45°方向研磨，直至获得均匀的纹路，喷清洗剂，洗掉铁屑。

（2）半精抛光　半精抛光型芯使用砂纸的号数依次为：400#→600#→800#。

1）用 400#砂纸将型芯成型表面的顶面覆盖抛光一遍，如图 6-12 所示，直至获得均匀的纹路，喷清洗剂，洗掉铁屑，用脱脂棉擦干净手指。

2）用气动工具安装 400#砂纸卷对型芯侧壁进行研磨，直至获得均匀的纹路，喷清洗剂，洗掉铁屑，用脱脂棉擦干净手指。

3）使用 600#砂纸与 400#砂纸的纹路成 45°方向研磨，直至获得均匀的纹路，喷清洗剂，洗掉铁屑，用脱脂棉擦干净手指。

4）用气动工具安装 600#砂纸卷对型腔侧壁进行研磨，直到型腔侧壁纹路均匀，喷清洗剂，洗掉铁屑，用脱脂棉擦干净手指。

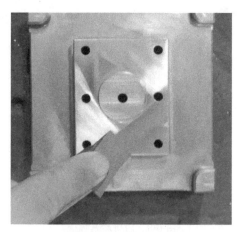

图 6-12 用 400#砂纸研磨   图 6-13 用 800#砂纸研磨

5）使用 800#砂纸与 600#砂纸的纹路成 45°方向研磨，如图 6-13 所示，直至获得均匀的纹路，喷清洗剂，洗掉铁屑，用脱脂棉擦干净手指。

6）用气动工具安装 800#砂纸卷对型腔侧壁进行研磨，直到型腔侧壁纹路均匀，喷清洗剂，洗掉铁屑，用脱脂棉擦干净手指。

（3）精抛光 精抛光型芯研磨膏的号数依次为：4.5#→3#→1#。

1）在型芯顶部及侧面挤入长度为 1mm 的 4.5#研磨膏，用气动工具安装新羊毛毡对型腔底部及侧面研磨，直至光泽均匀。喷清洗剂，洗掉铁屑，用脱脂棉擦干净手指。

2）在型芯顶部及侧面挤入长度为 1mm 的 3#研磨膏，用气动工具安装新羊毛毡对型腔底部及侧面研磨，直至光泽均匀。喷清洗剂，洗掉铁屑，用脱脂棉擦干净手指。

3）在型芯顶部及侧面挤入长度为 1mm 的 1#研磨膏，用气动工具安装新羊毛毡对型腔底部及侧面研磨，直至光泽均匀。用棉纱沿着一个方向擦拭型芯顶部及侧面。喷清洗剂，洗掉铁屑。擦拭完毕，即型芯抛光完毕，抛光效果如图 6-14 所示。

【重难点提示】

1. 抛光中注意事项

1）当一新模腔开始加工时，应先检查工件表面，用煤油将表面清洗干净，使油石面不会因黏上污物而导致其失去抛光性能。

2）研粗纹时要按"先难后易"的顺序进行，特别是一些难研的死角和较深的底部均要先研，最后研磨侧面和大平面。

3）部分工件可能由多个组合拼装在一起研光，要先分别研单个工件的粗纹或火花纹，后将所有工件拼齐研至平滑。

图 6-14 抛光效果

4）有大平面或侧平面的工件，用油石研去粗纹后再用平直的钢片做透光检测，检查是否有不平或倒扣的不良情况出现，如有倒扣，则会导致制件脱模困难或制件拉伤。

5）为防止模具工件研出倒扣或有一些贴合面需要保护的情况，可用锯片或砂纸贴在边上，这样可得到理想的保护效果。

6）研磨模具平面采用前后推拉的方式，拉动油石柄时尽量放平，不要超出 25°，因斜度太大，力由上向下冲，易导致研出很多粗纹在工件上。

7）如果工件的平面用铜片或竹片压着砂纸抛光，砂纸尺寸不应大过工件面积，否则会研到不应研的地方。

8）尽量不要用打磨机修分模面，因使用砂轮头修整的分模面表面比较粗糙（有波浪或高低不平）。

9）研磨的工具形状应跟模具的表面形状接近一致，这样才能确保工件不会变形。

2．抛光中出现的常见问题及解决方法

在日常抛光过程中遇到的最大问题就是"抛光过度"，即抛光的时间越长，模具表面的质量就越差。发生抛光过度有两种现象：橘皮和点蚀。

（1）橘皮

1）工件出现橘皮的原因。不规则粗糙的表面被称为橘皮，产生橘皮有多种原因，常见的是由于模具表面过热或渗碳过度而引起的，而抛光压力过大及抛光时间过长则是产生橘皮的主要原因。比如，使用抛光轮抛光，抛光轮产生的热量很容易使工件表面产生橘皮。较硬的钢材能承受的抛光压力会大一些，相对较软的钢材容易发生抛光过度，研究证明产生抛光过度的时间会因钢材的硬度不同而有所不同。

2）消除工件橘皮的措施。当发现表面质量抛得不好时，许多人就会增加抛光的压力和延长抛光的时间，这种做法往往会使工件表面质量变得更差。

可采用以下的方法去补救：

① 把有缺陷的表面去除，将研磨的粒度比先前使用砂号略粗一级，然后进行研磨，抛光的力度要比先前的低一些。

② 以低于回火温度 25℃ 的温度进行应力消除，在抛光前使用最细的砂号进行研磨，直到达到满意的效果，最后以较轻的力度进行抛光。

（2）点蚀

1）工件表面"点蚀"形成的原因。由于在钢材中有些非金属的杂质，通常是硬而脆的氧化物，在抛光过程中从钢材表面被拉出，形成微坑或点蚀。产生点蚀的主要因素有以下几点：

① 抛光的压力过大，抛光时间过长。

② 钢材中的硬性杂质的含量高。

③ 模具表面生锈。

④ 黑皮料未清除。

2）消除工件点蚀的措施。

① 小心地将表面重新研磨，砂粒粒度比先前所使用的粒度略粗一级，采用软质及削锐的油石进行最后的研磨后，再进行抛光程序。

② 当砂粒尺寸小于 1mm 时，应避免采用最软的抛光工具。

③ 尽可能采用最短的抛光时间和最小的抛光力度。

在模具制造过程中，型腔、型芯的抛光是非常重要的一道工序，它关系到模具的质量和寿命，也决定制品质量的好坏。掌握抛光的工作原理和工艺过程，选择合理的抛光方法，可以提高模具质量和延长模具寿命，进而提高制品的质量。

模块 6　模具成型零件抛光

模块7 注射成型

【模块任务】

注射机是将热塑性塑料或热固性塑料利用塑料成型模具制成各种形状的塑料制品的主要的成型设备。在注射机的一个循环中，能在规定的时间内将一定数量的塑料加热塑化后，在一定的压力和速度下，通过螺杆将熔融塑料注入模具型腔中。注射结束后，对注射到模腔中的熔料保持定型。

本模块是检验模具加工装配是否合格的成型阶段。

【注射机安全操作规程】

一、开机前的准备工作

1) 清理设备周围环境，不允许存放与生产无关的物品；清理工作台及设备内外杂物，用干净棉丝擦拭注射座导轨及合模部分拉杆。

2) 检查设备各部安全保护装置是否完好，检查"紧急停止"按钮是否有效，安全门滑动是否灵活，开关时是否能够触动限位开关。

3) 设备上的安全防护装置（如机械锁杆、止动板，各安全防护开关等）不准随便移动，更不允许改装或故意使其失去作用。

4) 检查各部位螺钉是否拧紧，有无松动，发现零部件异常或有损坏现象，应向指导教师报告。

5) 检查冷却水管路，试行通水，查看水流是否通畅，是否堵塞或存在滴漏。

6) 检查料斗内是否有异物，料斗上方不允许存放任何物品；料斗盖应盖好，防止灰尘、杂物落入料斗内。

二、开机

1) 合上机床总电源开关，检查机器是否漏电，按设定的工艺温度要求给机筒、模具进行预热，在机筒温度达到工艺温度时必须保温 20min 以上，确保机筒各部位温度均匀。

2) 打开油冷却器冷水阀门，对回油及运水喉进行冷却，点动启动液压泵，未发现异常现象，方可正式启动液压泵，待银屏上显示"马达开"后才能运转动作，检查安全门的作用是否正常。

3) 手动启动螺杆转动，查看螺杆转动声响有无异常及卡死。

4) 操作工必须使用安全门，如果安全门行程开关失灵，则不准开机。

5）非当班操作者不准按动各种按钮、手柄，不许两人或两人以上同时操作一台注射机。

6）安放模具、嵌件时要稳准可靠，合模过程中发现异常应立即停车，通知相关人员排除故障。

7）修理机器时间超过10min以上一定要先将注射座后退，使喷嘴离开模具，关掉马达，维修人员修机时操作者不准脱岗。

8）有人在处理机器或模具时任何人不准起动电动机，身体进入机床内或模具处于"开"位置，必须切断电源。

9）在模具打开时，不得用注射座撞击定模，避免定模脱落。

10）对空注射每次不超过5s，连续两次注不动时，通知临近人员避开危险区。清理喷嘴时用铁钳或其他工具，避免烫伤。

11）熔胶筒工作中存在高温、高压及高电力，禁止踩踏、攀爬及搁置物品，避免烫伤、电击。

12）当料斗不下料时，不准使用金属棒、杆等粗暴捅打，避免料斗内分屏、护屏罩及磁铁架损坏。

13）机床运行中发现响声异常、异味、火花、漏油等异常情况时，立即停机，向有关人员报告现象和原因。

三、停机注意事项

1）关闭料斗闸板，正常生产至机筒内无料或手动操作对空注射—预塑，反复数次，直至喷嘴无熔料射出。

2）生产具腐蚀性材料（PVC），停机时必须将机筒、螺杆用其他原料清洗干净。

3）使注射座与固定模板脱离，模具处于开模状态。

4）关闭冷却水管路，把各开关旋至"断开"位置，停机时要将总电源关闭。

5）清理机床，工作台及地面杂物、油渍及灰尘，保持工作场所干净整洁。

项目　产品注射成型

【任务描述】

模具制成后，交付前都应进行试模。试模的目的：一是检验模具设计和制造的合理性；二是确定正确的成型工艺条件。因此，认真地进行试模并积累经验，对模具设计和制定成型工艺跳进都十分重要。

【工作任务】

本项目是将模具安装到注射机（图7-1）上，设置参数并注射出合格的制件。

工、量、刀具准备：活动扳手一个。

图7-1　注射机

模块7　注射成型

【职业素养要求】

◆ 技能素养

1. 掌握模具在注射机上的吊装与固定方法。

2. 熟练操作注射机，会设置压力、时间、温度等参数并注射出合格的制件。

◆ 专业素养

1. 能够按照7S管理标准，维护工作现场环境；养成良好的职业道德、安全规范、责任意识、风险意识等素养。

2. 具有质量意识兼顾效率观念；具备在一定压力下工作不受外界影响的稳定的心理素质。

3. 具备良好的协作沟通能力。

4. 引导学生训练精益求精的大师精神以及从事相应的生产的敬业精神。

【任务分析】

模具成型的质量不仅在于加工和装配的精度，与注射参数的设置也有密切的关系。有时候模具制造精度不高，注射参数调整好了一样可以注射出合格的制件。因此合理设置压力、时间和温度是重点之一。

【任务指导书】

工艺步骤见表7-1。

表 7-1　工艺步骤

序号	任务名称	任务内容
1	安装模具	1. 将模具装入吊钩 2. 将模具吊装到注射机 3. 模具合模 4. 固定定模部分 5. 固定模具动模部分 6. 连接模温机 7. 拆卸吊钩
2	调整模具	1. 调整注射机温度 2. 调整注射机模具厚度调整 3. 调整顶出高度 4. 调整注射座台
3	注射成型	1. 调整注射参数 2. 注射成型
4	拆卸模具	1. 关掉模温机并拆掉连接模具的水管 2. 模具合模，将模具装入吊钩 3. 拆卸模具动定模部分 4. 吊装到工作车，卸去吊钩

【实施步骤】

1. 安装模具

（1）将模具装入吊钩　将装配好的模具转运到注射机旁，安装吊环，螺纹旋入长度在 10mm 以上，安装锁模片，将模具的吊环装入手拉葫芦的吊钩。

（2）将模具吊装到注射机

1）开启注射机，设定加热温度为 200℃，并加热。注射机操作面板如图 7-2 所示。

图 7-2　注射机操作面板

2）通过手拉葫芦将模具吊入注射机。

（3）模具合模　按【锁模】按钮，调【模进】按钮进行合模。

（4）固定定模部分　把定模定位圈对准注射机定位圈，用扳手旋紧紧固螺钉将压板压紧，如图 7-3 所示。

（5）固定动模部分　关上安全门，通过按操作面板上的【锁模】调模，调【模进】按钮，进到左右模座挤紧，压板压紧下模架，如图 7-4 和图 7-5 所示。

（6）连接模温机　将模温机进、出水管连接到模具，开启模温机，设定模具温度为 80℃。

（7）拆卸吊钩。

2. 调整模具

（1）调整注射机温度　调整注射机温度为 200℃（ABS 的温度为 180~250℃）。

（2）调整注射机模具厚度　模具安装完毕，调整模厚。开模，快速点动调模→调模进→锁模，听到锁模完成，即模具安装调试完成。若未听到锁模完成，调模→调膜退，再重复开模→点动调模→调模进→锁模，直到听到锁模完成为止。

（3）调整顶出高度　将顶出高度调整到位。

图 7-3　安装模架

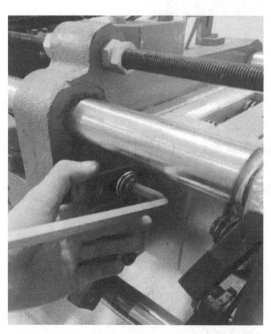

图 7-4　锁紧压板

图 7-5　进行锁模

（4）调整注射座台　通过【座台进】按钮调节注射座台，使座台注射口对准模具定位圈浇口。

3．注射成型

（1）调整注射参数　设定注射参数。射出设定如图 7-6 所示；储料/射退/冷却设定如图 7-7 所示。

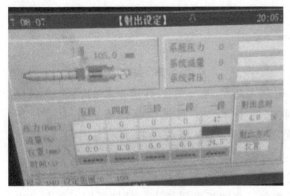

图 7-6　射出设定

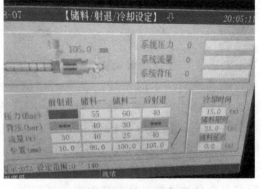

图 7-7　储料/射退/冷却设定

（2）注射成型　打出件，制件如图 7-8 所示。

4．拆卸模具

（1）关掉模温机并拆掉连接模具的水管　关掉模温机进、出水管阀门，拆掉连接模具的水管，拆下压板，将模具吊出注射机，拆卸吊钩。

（2）模具合模，将模具装入吊钩

（3）拆卸模具动定模部分

（4）吊装到工作车，卸去吊钩

图 7-8　注射制件

【重难点提示】

1）注射机的操作一般有手动、半自动和全自动三种形式。试模时，一般采用手动方式，以便于有关工艺参数的控制和调整。一旦出现问题，可立即停止工作。

2）试模时，原则上选择低压、低温、较长时间条件下注射成型，然后按压力、时间、温度的先后顺序进行调整。在试模过程中首先调节压力，只有当调节压力无效时，才考虑调节时间。延长时间的实质是延长物料的受热时间，提高物料的塑化效果。如果上述方法无效，最后才考虑提高温度。由于物料温度达到新的平衡需要经过大约 15min，所以必须耐心等待。模具试模的周期较长，待一切正常后，可测定成型周期。有时，可采用半自动或全自动操作方式预测制件的成型周期。

3）调节模具温度及冷却系统对制件质量和成型周期影响较大。试模时，应根据所加工的塑料材料及加工工艺条件合理地调节模具温度。在保证充模和制件质量的前提下，应选取较低的模具温度，以便缩短成型周期，提高生产率。冷却系统用于控制模具温度、料筒及螺杆温度及注射机液压系统的工作油温。通过调节冷却系统的流量，可以达到控制其温度的目的。

模块 7　注射成型

模块8 蓝光检测

【模块任务】

随着检测技术的发展，企业的检测技术也越来越先进。为了对接企业的高新检测技术，培养应用型人才，在2016年全模具行业大赛中加入了蓝光检测技术。作为一种技术引领，高新检测方法的使用，打破了曲面制件的尺寸在传统的检测方法中无法测量的问题。

蓝光检测用到的最重要的设备是四目蓝光扫描仪。四目蓝光扫描仪应用光栅扫描技术，标志点全自动拼接，具有高效率、高精度、高寿命、高解析度等优点，特别适用于复杂自由曲面的逆向建模，主要应用于产品研发设计（RD）、逆向工程（RE）及三维检测（CAV），是产品开发和品质检测的必备工具。蓝光扫描软件界面如图8-1所示。

图 8-1　蓝光扫描软件界面

蓝光检测有以下主要特点：

1）非接触方式。

2）运算速度极快。

3）精度高。

4）解析度高。

5）全自动拼接。

6）点云噪声处理和修剪。

7）基本不受环境影响。

8）便携式设计。

9）操作简单。

10）输出数据接口类型丰富、兼容性强。

11）彩色模型扫描。

12）模型后处理。

本模块要求学生会使用蓝光检测技术对制件进行扫描，在此基础上对制件和原模型进行信息比对。

项目　塑料产品蓝光检测

【任务描述】

蓝光检测要求竞赛选手在规定的时间内加工出模具制件，然后用蓝光扫描仪器对制件进行扫描，并和原模型进行信息比对，以此确认制件质量的好坏。现代模具制造技术赛项中也加入了蓝光检测技术。蓝光检测技术必将作为一种高新检测技术在模具制造中获得越来越广泛的使用，因此掌握蓝光检测技术将是模具专业的学生必备的一种能力。

【工作任务】

完成图 8-2 所示面盖塑料制件的扫描，并在此基础上和模块 2 项目制件模型进行信息比对，并生成检测报告。

【职业素养要求】

◆技能素养

1. 会使用蓝光扫描仪对制件进行扫描。

2. 能够灵活应用 Geomagic 软件对扫描的点和原有模型进行信息比对，并生成检测报告。

◆专业素养

1. 能够按照 7S 管理标准，维护工作现场环境；养成良好的职业道德、安全规范、责任意识、风险意识等素养。

2. 具有质量意识，兼顾效率观念；具备在一定压力下工作不受外界影响的稳定的心理素质。

图 8-2　面盖塑料制件

3. 具备良好的协作沟通能力。

4. 引导学生训练精益求精的大师精神以及从事相应的生产的敬业精神。

【任务分析】

完成制件的检测报告，需要按以下步骤进行：制件喷反差剂→使用蓝光扫描仪对制件进行扫描，生成文件（文件名为 zhijian. stl）→信息比对生成报告。

【任务指导书】

工艺步骤见表 8-1。

表 8-1 工艺步骤

序号	任务名称	任务内容
1	扫描前准备	1. 给制件喷反差剂 2. 将蓝光扫描仪连接到计算机,打开扫描软件,调试准备好
2	数据扫描	1. 将制件放在工作台合适的位置 2. 扫描第一幅图 3. 扫描第二幅图。若有拼接错位,选择手动拼接 4. 继续扫描,直至扫描完全 5. 选中所有扫描图幅,选择【后处理】→【融合】命令 6. 选择融合的文件单击鼠标右键,生成 zhijian. stl 文件
3	信息比对	1. 将 zhijian. stp 和 zhijian. stl 文件导入 Geomagic 软件 2. 把 zhijian. stl 设置成 Test 3. 最佳拟合对齐 4. 创建注释 5. 创建 2D 尺寸 6. 生成报告

【实施步骤】

一、给制件喷反差剂

手持制件料把,在喷反差剂区域对制件喷反差剂。喷反差剂时,应让喷头距离制件20cm 左右,并根据制件形状灵活移动,在制件表面喷出一层均匀薄薄的反差剂,如图 8-3 所示。

把蓝光扫描仪连接到计算机,调节好扫描仪高度及视野,做好设备的精度校准,然后把制件放在扫描仪的扫描窗口的工作台中央,如图 8-4 所示。

二、数据扫描

1. 扫描第一幅图

单击【扫描】按钮,扫描制件的一侧表面数据,单击【确定】按钮,如图 8-5 所示。

2. 扫描第二幅图

手动移动工件或转动转台至要扫描的一侧,注意与上幅图重合率 30% 左右,继续单击【扫描】按钮,如图 8-6 所示。

图 8-3 给制件喷反差剂

图 8-4　制件放置位置

图 8-5　扫描第一幅图

3. 手动数据拼接

通过调整视图角度观察，调整至第二幅图和第一幅图拼接近似位置，按住<Ctrl>键的同时单击两个制件不同特征部位的对应的三个点。单击【手动拼接】按钮，错位面自动拼接在一起，如图 8-7 所示。

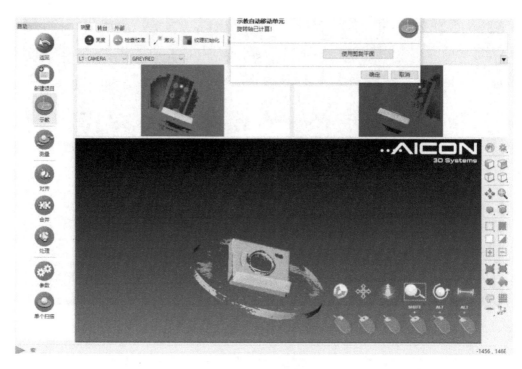

图 8-6　扫描第二幅图

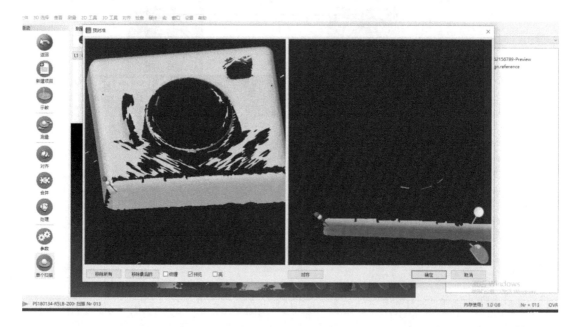

图 8-7　手动数据拼接

4. 继续扫描数据

完成拼接后，按照以上的扫描方法继续调整制件角度，重复上述操作步骤，扫描各相邻面并进行数据拼接，直至扫全整个制件数据，如图 8-8 所示。

图 8-8　扫描整个制件数据

5. 数据后处理

选中所有的扫描图幅，单击【后处理】菜单中的【融合】按钮，将之前的扫描数据生成一个融合文件。删除扫描的多余数据。选择融合文件，单击鼠标右键，导出 zhijian. stl 文件，如图 8-9 所示。

图 8-9　数据融合导出

三、信息比对

1. 导入文件

打开 Geomagic Control 软件，将之前扫描优化后的数据 zhijian. stl 文件导入软件。将要比对的制件模型文件 zhijian. stp 也导入软件，将 zhijian. stl 文件设置成 test 文件，如图 8-10 所示。

模块 8　蓝光检测

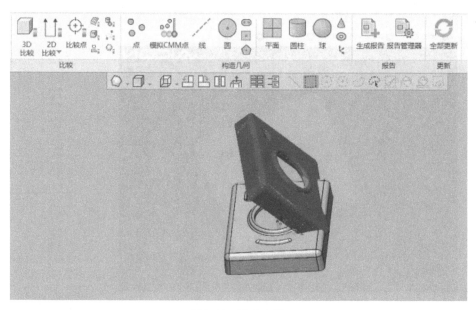

图 8-10   导入文件

2. 最佳拟合对齐

选择【最佳拟合对齐】命令，设置采样比例为【35%】，最大重复次数为 5 次，并勾选【检查对称性】和【高精度拟合】复选框，软件进行自动多次拟合出最佳对齐结果，如图 8-11 所示。

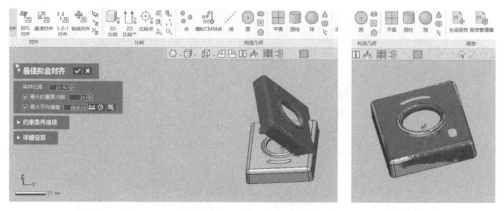

图 8-11   最佳拟合对齐

3. 数据 3D 比较

选择【3D 比较】命令，设置采样比率为 100%，方法选择【类型】，投影方向选择【最短】，最大偏差设置为 0.1mm，单击【确定】按钮进行数据比较，根据设置的偏差，通过不同色彩的显示可以直观地看到制件的偏差结果，如图 8-12 所示。

4. 比较点比较

选择【比较点】命令，采用方法选择点方式，在工件上颜色显示偏差大的位置进行取点，查看局部的变形结果，如图 8-13 所示。

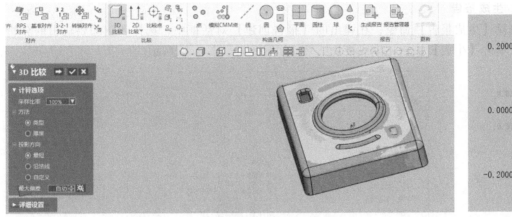
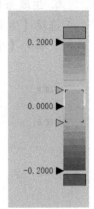

图 8-12　数据 3D 比较

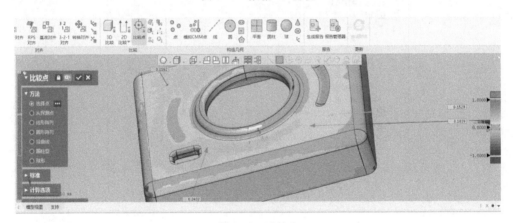

图 8-13　比较点

5．2D 截面尺寸检验

选择【尺寸】菜单，单击【2D 尺寸】按钮，选择要测量的截面，采用偏移方式，拖动至测量的截面位置或输入偏移距离，单击下一阶段，可以标注尺寸查看截面 2D 偏差情况，如图 8-14 所示。

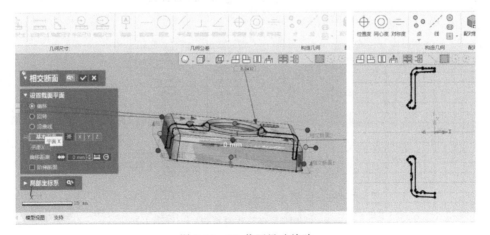

图 8-14　2D 截面尺寸检验

6. 生成报告

选择【生成报告】命令，在弹出的【报告创建】对话框中，选择和删除要输出的分析数据，单击【生成】按钮，生成报告结果，如图 8-15、图 8-16 所示。

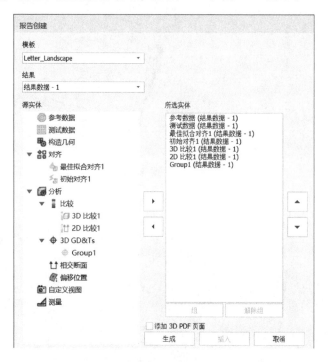

图 8-15　生成报告

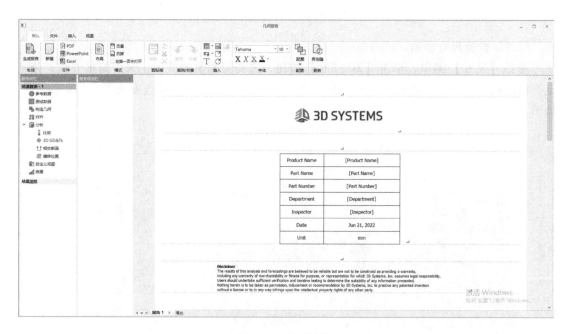

图 8-16　查看报告

【重难点提示】

1）给塑料制件喷反差剂时，尽量喷薄薄的一层，且喷粉均匀。

2）进行蓝光扫描时，尽量转最少的角度，扫的次数最少，扫出最全的面。

3）进行信息比对时，按照导入→对齐→3D 比较→生成注释→2D 尺寸→生成报告的步骤进行。

参 考 文 献

［1］　梁锦雄，欧阳渺安. 注塑机操作与成型工艺［M］. 北京：机械工业出版社，2017.

［2］　王加龙. 热塑性塑料注塑生产技术［M］. 北京：化学工业出版社，2004.